工业机器人技术

主　编　李瑞锋
副主编　薛桂娥　姜　宇
编　者　李瑞锋　薛桂娥　姜　宇　王晓磊
　　　　李锦丽　姚　莹　冯　琛
主　审　张明柱

U0196017

西北工业大学出版社

西　安

【内容简介】 本书通过大量的图片和实例,对工业机器人的基础知识、机械系统、驱动系统、传感系统、控制系统以及示教编程等进行了较为全面的讲解。通过学习本书内容,读者可对工业机器人有总体的认识和全面的了解。

本书可作为高等职业院校相应课程的教材,也可作为开放大学、成人教育、自学考试、中职学校和培训班的教材,还可作为企业工程技术人员、机器人爱好者的学习参考书。

图书在版编目(CIP)数据

工业机器人技术/李瑞锋主编 . —西安:西北工业大学出版社,2021.12
ISBN 978 - 7 - 5612 - 7688 - 4

Ⅰ.①工… Ⅱ.①李… Ⅲ.①工业机器人-高等职业教育-教材 Ⅳ.①TP242.2

中国版本图书馆 CIP 数据核字(2021)第 272384 号

GONGYE JIQIREN JISHU

工业机器人技术

责任编辑:胡莉巾		**策划编辑**:杨 军	
责任校对:王梦妮		**装帧设计**:李 飞	

出版发行:西北工业大学出版社

通信地址:西安市友谊西路 127 号　　　邮编:710072

电　话:(029)88491757,88493844

网　址:www.nwpup.com

印 刷 者:西安浩轩印务有限公司

开　本:787 mm×1 092 mm　　1/16

印　张:9.625

字　数:253 千字

版　次:2021 年 12 月第 1 版　　2021 年 12 月第 1 次印刷

定　价:39.00 元

前　　言

随着经济的持续发展,我国已成为制造业大国,制造业的发展程度与我国国民经济的发展息息相关。工业机器人作为先进制造业中不可替代的重要装备,已经成为衡量一个国家制造水平和科技水平的重要标志。工业机器人集机械、电子、控制、传感器以及计算机技术等多领域知识于一体,广泛应用于制造业,对我国制造业的发展和综合国力的提升具有十分重要的现实意义。学习工业机器人的相关知识,培养工业机器人操作、编程及制造的相应技能,是推动工业机器人事业发展的关键一步,也是培养现代化人才的关键环节。

本书由处于教学一线的教师编写,具有如下特点:

(1)以基础知识为主要内容,简明扼要地阐述工业机器人的概念、原理和结构。

(2)注重知识的实用性,在讲清原理的基础上,对工业机器人各重要组成部分进行实例说明,使读者更加容易掌握。

(3)全书结构紧凑,不同章节的知识相互连贯,完整体现出工业机器人的结构与功能。

(4)对关键环节,简明扼要地列出设计思路和方法,供工业机器人的设计者参考。

本书共分6章,分别介绍工业机器人的基本知识、机械系统、驱动系统、传感系统、控制系统及编程等知识。根据学习规律,合理安排各章知识结构,可以使读者轻松地学习。

本书学习课时建议为56学时,如果学生基础薄弱,还可将课时量增加到64学时,教学中可以根据具体情况,进行删减、调整。

本书由李瑞锋任主编,薛桂娥、姜宇任副主编。具体分工为:第1章工业机器人基础的部分内容由李瑞锋(陕西机电职业技术学院)编写;第2章工业机器人的机械系统的部分内容由薛桂娥(陕西航空职业技术学院)编写;第3章工业机器人的驱动系统由李瑞锋编写;第4章工业机器人的传感系统的部分内容由姜宇(陕西航空职业技术学院)编写;第5章工业机器人的控制系统由李瑞锋编写;第6章工业机器人的编程的部分内容由薛桂娥编写。王晓磊(陕西航空职业技术学院)、李锦丽(陕西机电职业技术学院)、姚莹(陕西机电职业技术学院)和冯琛(陕西机电职业技术学院)等四位教师参与了第1章、第2章、第4章和第6章中部分内容的编写。河南科技大学博士生导师张明柱教授对全书进行审定,并提出了宝贵的意见。在此,向对本书出版有帮助的同仁一并致谢。

由于水平有限,不足之处在所难免,恳请广大读者批评指正。

编　者

2021 年 6 月

目　录

第 1 章　工业机器人基础

随着计算机技术、自动控制技术和传感器技术的快速发展,机器人技术已经广泛渗透到人类社会的各个领域。目前,众多发达国家都在积极发展机器人技术,在未来 10 年,全球工业机器人行业将进入一个前所未有的快速发展期。据专家预计,研究和开发新一代机器人将成为今后科技发展的重要方向,而机器人产业不论在规模上还是资金投入上都将大大超过当前的计算机产业。因此,全面了解工业机器人知识,具备娴熟的工业机器人操作技能,将成为衡量 21 世纪高素质人才的基本条件之一。下面我们就一起去揭开工业机器人的神秘面纱吧。

知识目标
- 了解工业机器人的基本概念及发展简史。
- 掌握工业机器人的基本组成及技术参数。
- 掌握机器人的分类依据。

能力目标
- 能够识别工业机器人的各个组成部分。
- 能够说出工业机器人各个组成部分所起的作用。

情感目标
- 增长见识、激发兴趣。
- 关注我国工业机器人行业,培养团队合作精神。
- 培养为我国工业机器人的发展做贡献的意识。

在现代制造领域,由于工业自动化水平的快速提升,急需各种高性能的工业机器人。时至今日,工业机器人已经成为自动化生产领域的核心装备,工业机器人被广泛应用在汽车制造、机械制造、船舶制造、电子器件、集成电路、器件封装、塑料加工、食品加工和陶瓷加工等对产品质量要求较严格、对生产效能要求较高的企业。

工业机器人是机器人家族中的一个重要成员,同时也是机器人在工业应用环境中的一个重要分支,具有自动控制、可重复编程、多用途和可对 3 轴以上的编程等显著特点。虽然国际上不同学术机构对工业机器人的定义有所不同,但是其可编程性、拟人性、通用性和集成性的特点得到了业界的公认,成为人们判别工业机器人的基本标准。

本章主要对工业机器人的概念及特点、基本组成及技术参数、类型及应用、发展趋势等方面进行介绍,使读者对工业机器人有初步的了解。

1.1　工业机器人的概念及特点

1.1.1　工业机器人的概念

机器人是能够自动执行任务的机器装置。它既可以接受人类的指挥，又可以运行预先编排的程序，还可以完成以人工智能技术制定的预先设定的任务。它的任务是协助或取代人类的工作，例如协助或取代生产制造业、建筑业，或是危险场合等的工作，主要涉及军事、航天科技、抢险救灾、工业生产和家庭服务等领域。

世界各国或各学术机构所给出的工业机器人的定义不尽相同，但其基本含义趋近一致。国际标准化组织（International Standard Organization，ISO）对工业机器人的定义为："工业机器人是一种具有自动控制的操作和移动功能，能够完成各种作业的可编程操作机构。"ISO 8373则做了更加具体的解释："工业机器人有自动控制和再编程、多用途功能，机器人操作机有三个或三个以上的可编程轴，在工业机器人自动化应用中，机器人的底座可固定也可移动。"美国机器人工业协会（U. S. Robotics Industry Association）对工业机器人的定义为："工业机器人是用来进行物品搬运的可再编程的多功能机械手，或通过不同程序的调用来完成各种工作任务的特种装置。"此外，日本工业标准（Japanese Industrial Standards，JIS）、德国工业标准（Verein Deutscher Ingenieure，VDI），以及英国机器人协会也有类似的定义。

我国对工业机器人的定义为：工业机器人是一种能自动定位，可重复编程的多功能、多自由度的操作机；它可以搬运材料、零件或夹持工具，以完成各种作业；它可以受人类指挥，也可以按照预先编排的程序运行，现代的工业机器人还可以根据人工智能技术制定的原则、纲领行动。

总之，工业机器人是集机械、电子、控制、计算机、传感器、人工智能等多学科的先进技术于一体的现代制造业自动化的重要装备。

1.1.2　工业机器人的特点

工业机器人一般具有以下四大特点：

（1）拟人功能。工业机器人在机械结构上有与人类相似的部分，比如手爪、手腕、手臂等，这些结构都是通过电脑程序来控制的，使其能像人一样使用工具。

（2）可重复编程。工业机器人具有智力或具有感觉与识别能力，可根据工作环境的变化对其进行再编程，以适应不同作业环境和动作的需要。

（3）通用性。一般工业机器人在执行不同的作业任务时具有较好的通用性，执行不同的作业任务可通过更换工业机器人手部（也称末端执行器，如手爪或工具等）来实现。

（4）机电一体化。工业机器人涉及的学科比较广泛，主要是机械学和微电子学的结合，即机电一体化技术。第三代智能机器人不仅具有获取外部环境信息的各种传感器，而且具有记忆、语言处理、图像识别等能力，这些与微电子技术和计算机技术的应用紧密相连。

综上所述，工业机器人具有四大特点，把工业机器人应用于人类的工作，将给人类工作带来许多方便。目前，其优点主要表现在以下方面：

（1）减少劳动力费用，减少材料浪费，降低生产成本；

（2）增加制造过程的柔性，控制和加快库存的周转；

（3）提高生产率，改进产品质量；

（4）适合危险和恶劣工作环境的劳动岗位，保障安全生产。

1.2 工业机器人的基本组成及技术参数

1.2.1 工业机器人的基本组成

工业机器人系统是由工业机器人、作业对象及工作环境共同构成的。工业机器人包括四大部分，即机械系统、驱动系统、传感系统和控制系统。四大组成部分之间的关系如图1-1所示。

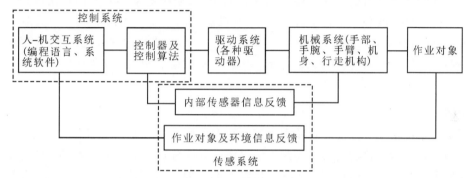

图1-1 工业机器人的组成及各部分之间的关系

1. 机械系统

工业机器人的机械系统主要包括手部、手腕、手臂、机身等部分。此外，有的工业机器人还具备行走机构，称为行走机器人。机械系统的每一部分都有若干个自由度，它属于一个多自由度的系统。工业机器人机械系统的设计是工业机器人设计的重要部分，虽然其他系统的设计有各自独立的要求，但它们必须与机械系统相匹配，这样才能组成完整的机器人系统。

2. 驱动系统

驱动系统主要指驱动机械系统关节动作的驱动装置。工业机器人在工作过程中，所做的每一个动作都是通过关节来实现的，因此，必须给各个关节，即每个运动自由度安装相应的传动装置。

根据驱动源的不同，驱动可分为液压驱动、气压驱动、电气驱动三种，驱动系统是将三者结合起来应用的综合系统。它可以直接驱动或者通过同步带、链条、谐波齿轮等机械传动机构进行间接驱动。

3. 传感系统

工业机器人与外部环境之间的交互作用是通过传感系统来实现的。传感系统包括内部传感器和外部传感器两部分，传感系统在获取工业机器人内部和外部环境信息之后，将这些信息反馈给控制系统。

4. 控制系统

工业机器人要执行的每个动作都是由控制系统决定的。因此，控制系统的作用是根据编写的指令程序以及从传感器反馈回来的信号来支配相应执行机构去完成规定的作业任务。

1.2.2 工业机器人的技术参数

技术参数是各工业机器人厂家在产品供货时所提供的技术数据。由于工业机器人的种类众多、用途广泛,且不同用户的要求也不同,因此各厂家所提供的技术参数项目可能不完全一样。但是,工业机器人的主要技术参数应包括以下五个方面:自由度、精度、工作范围、最大工作速度和承载能力。

1. 自由度

自由度是指确定工业机器人手臂在空间和姿态时所需要的独立运动参数的数目,不应包括末端执行器的开合自由度。在空间三维坐标系中,工业机器人具有 6 个自由度,即 X、Y、Z 方向的 3 个移动自由度和 3 个转动自由度,工业机器人的一个自由度对应一个关节。进行工业机器人设计时,自由度可能小于 6 个,也可能大于 6 个,自由度越多就越灵活,几何结构也越复杂,控制系统设计的难度就越大。因此,根据设计用途要求,自由度选择一般在 3～6 个之间。

2. 精度

精度是指定位精度和重复定位精度。定位精度是指工业机器人手部实际到达位置与目标位置之间的偏差,主要由机械误差、控制算法误差及系统分辨率等组成。重复定位精度是指在同等作业环境、同等条件下,机器人重复定位其手部与同一目标位置的分布情况,是关于精度的统计数据,可以用标准偏差这个统计量来表示。

3. 工作范围

工作范围也称为工作区域,是指工业机器人末端执行器或手腕中心所能到达的所有点的集合。由于工业机器人的种类众多,结构尺小也有差异,因此工作范围与工业机器人的总体外形结构、动作形式等有关。

4. 最大工作速度

生产工业机器人的厂家不同,对最大工作速度的定义也不同。有的厂家认为最大工作速度指工业机器人主要自由度最大的稳定速度,有的厂家认为其应指末端执行器最大的合成速度。最大工作速度越高,工作效率就越高。

5. 承载能力

承载能力是指工业机器人在工作范围内的任何位置上所能承受的最大质量。它是负载质量与末端执行器质量的总和。承载能力不仅与负载质量有关,而且与机器人最大工作速度、加速度的大小和方向等有关。为保证安全,承载能力这一技术指标是指高速运行时的承载能力。

1.3 工业机器人的类型及应用

1.3.1 按关节组合分类

工业机器人的机械系统部分都是由一系列的连杆通过关节组装起来的。关节决定两相邻连杆副之间的连接关系,我们称之为运动副。工业机器人最常用的两种关节分别是移动关节(P)和回转关节(R)。

工业机器人的作业环境可以看作是一个三维空间。结合三维空间坐标系,工业机器人的运动实际就是关节沿坐标轴运动。因此工业机器人可按关节 P 和 R 在不同坐标形式下的组合进行分类,即分为直角坐标式机器人、圆柱坐标式机器人、球坐标式机器人和关节坐标式机器人四类,如图 1-2 所示。

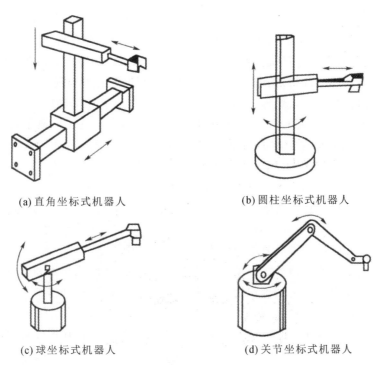

(a) 直角坐标式机器人　　　　　(b) 圆柱坐标式机器人

(c) 球坐标式机器人　　　　　(d) 关节坐标式机器人

图 1-2　四种坐标形式下的工业机器人

1. 直角坐标式机器人(3P)

直角坐标式机器人具有 3 个移动关节。直角坐标系是通过手臂的上下移动、左右移动和前后伸缩构成的,手臂末端可沿直角坐标系的 X、Y、Z 三个方向做直线运动。它的工作范围是一个长方体。

2. 圆柱坐标式机器人(R2P)

圆柱坐标式机器人具有 1 个转动关节和 2 个移动关节。基座上设立一个水平转台,在转台上装有立柱和水平臂,水平臂能上下移动和前后伸缩,并能绕立柱旋转。它的工作范围是一个圆柱体。

3. 球坐标式机器人(2RP)

球坐标式机器人具有 2 个转动关节和 1 个移动关节。手臂不仅可绕垂直轴旋转,还可绕水平轴做俯仰运动,且能沿手臂轴线做伸缩运动。它的工作范围是一个球缺体。

4 关节坐标式机器人(3R)

关节坐标式机器人具有 3 个转动关节,由多个旋转和摆动机构组合构成,它的工作范围在空间上是一个复杂体。关节坐标式机器人又分为水平多关节坐标机器人和垂直多关节坐标机器人。

1.3.2 按用途分类

工业机器人按用途可分为自动引导车、焊接机器人、激光加工机器人、真空机器人、洁净机器人、码垛机器人、喷涂机器人和检测机器人等多种。

1. 自动引导车

自动引导车(见图1-3)是一种在复杂环境下工作的,能实现自行组织、自主运行、自主规划的智能机器人,它融合了计算机技术、信息技术、通信技术、微电子技术和机器人技术等。按工作环境来分,其可分为室内自动引导车和室外自动引导车;按移动方式来分,其可分为轮式自动引导车、步行自动引导车、蛇形自动引导车、履带式自动引导车和爬行机器人。目前在工业上得到广泛应用的自动导引车(Automated Guided Vehicle, AGV)属于轮式自动引导车,它是工业机器人家族中的重要成员。AGV装备着电磁或光学等自动导引装置,能够沿规定的导引路径行驶,具有安全保护和各种移载功能。AGV的核心技术体现在铰链结构、发动机分置和能量反馈方面。AGV由计算机控制,具有移动、自动导航、多传感器控制、网络交互等功能,可用于机械、电子、纺织、卷烟、医疗、食品、造纸、物流等行业的柔性搬运、传输等场合,也可用于自动化立体仓库、柔性加工系统、柔性装配系统(以AGV为活动装配平台)中。此外,它还可在车站、机场、邮局的物品分拣中作为运输工具使用。

国际物流技术发展的新趋势之一就是广泛采用自动化、智能化技术和装备,而自动引导车是其中的核心。自动引导车是用现代物流技术配合、支撑、改造、提升传统生产线,实现点对点自动存取的高架箱储、作业和搬运相结合,并实现精细化、柔性化、信息化的高新技术和装备。自动引导车具有缩短物流流程、降低物料损耗、减少占地面积、降低建设投资等优点。

(a) 背叉式运输用AGV   (b) 重载 AGV

(c) 非接触式触电装配型AGV   (d) 智能巡检AGV

图1-3 各种自动引导车

2. 焊接机器人

焊接机器人是从事焊接工作的工业机器人,通常是在工业机器人的末轴法兰上装接焊钳或焊枪,能进行焊接作业。它具有性能稳定、工作空间大、运动速度快和负荷能力强等特点,其焊接质量明显优于工人焊接,并能够大大提高焊接效率。焊接机器人主要包括机器人和焊接设备两部分。机器人由机器人本体和控制柜(硬件及软件)组成。焊接装备(以点焊和弧焊为例)则由焊接电源(包括其控制系统)、送丝机(弧焊)和焊枪(钳)等组成。智能焊接机器人还应有传感系统,如激光或摄像传感器及其控制装置等。

(1)点焊机器人。在焊接机器人"家庭"中,点焊机器人(见图 1-4)是一个重要成员,它主要用于汽车整车的焊接工作。焊接工作主要由各大汽车主机厂完成。

(a)　　　　　　　　　　　　(b)

图 1-4　点焊机器人

点焊工艺对工业机器人的要求不是很高。因为点焊只需进行点位控制,对焊钳在点与点之间的移动轨迹没有严格要求,这也是工业机器人最早只能用于点焊的原因。点焊机器人不仅要有足够的负载能力,而且在点与点之间移位时速度要快,动作要平稳,定位要准确,以减少移位的时间,提高工作效率。点焊机器人需要具有多大的负载能力,取决于所用的焊钳形式。对于用于变压器分离的焊钳,能承受 30～45kg 负载的工业机器人就足够了。但是这种焊钳一方面二次电缆线长,电能损耗大,不利于工业机器人将焊钳伸入工件内部焊接;另一方面电缆线随工业机器人运动而不停摆动,电缆的损坏较快。因此,目前逐步采用一体式焊钳。这种焊钳连同变压器质量在 70kg 左右。考虑到工业机器人要有足够的负载能力,能以较大的加速度将焊钳送到空间位置进行焊接,一般选用 100～150kg 负载的重型机器人。为了适应连续点焊时焊钳在短距离内快速移位的要求,新的重型机器人增加了可在 0.3s 内完成 50mm 位移的功能。这对电机的性能、控制系统的运算速度和算法都提出了更高的要求。

(2)弧焊机器人。弧焊机器人(见图 1-5)是焊接机器人"家族"中的另一个重要成员,其组成和原理与点焊机器人基本相同,主要用于各类汽车零部件的焊接生产。弧焊机器人通常由示教盒、控制柜、机器人本体及自动送丝装置、焊接电源等部分组成,可在计算机控制下实现连续轨迹控制和点位控制,还可以利用直线插补和圆弧插补功能来焊接由直线及圆弧等所组成的空间焊缝。弧焊机器人主要有熔化极焊接作业和非熔化极焊接作业两种类型,具有连续工作时间长、焊接生产效率高、焊接质量高和焊接质量稳定等特点。其关键技术包括以下三方面:

1)弧焊机器人系统优化集成技术。弧焊机器人采用交流伺服驱动技术以及高精度、高刚性的摆线针轮(Rotary Vector,RV)减速器和谐波齿轮减速器驱动,具有良好的低速稳定性和高速动态响应,并可实现免维护功能。

2)弧焊机器人协调控制技术。此技术控制多机器人及变位机完成协调运动,既能保持焊枪和工件的相对姿态,又能避免焊枪与工件的碰撞。

(a)   (b)

图 1-5　弧焊机器人

3)精确焊缝轨迹跟踪技术。结合激光传感器和视觉传感器离线工作方式的优点,采用激光传感器实现焊接过程中的焊缝实时跟踪。目前应抓紧实现以下功能:提升弧焊机器人对复杂工件实施焊接的柔性与适应性,结合视觉传感器离线观察获得焊缝跟踪的残余偏差,基于偏差统计获得补偿数据并进行机器人运动轨迹的修正,保证在各种工况下都能获得最佳的焊接质量。

随着机器人焊接技术的不断发展以及市场对机器人焊接质量要求的不断提升,弧焊机器人正朝着智能化的方向迅速发展。

3. 激光加工机器人

20 世纪 80 年代以来,随着激光技术的飞速发展,涌现出了可与机器人柔性耦合的光纤传输的高功率工业型激光器。与此同时,先进制造领域在智能化、自动化和信息化技术方面的不断进步促进了机器人技术与激光技术的结合,特别是汽车产业的发展需求,带动了激光加工机器人产业的形成与发展。从 20 世纪 90 年代开始,德国、美国、日本等国家投入大量人力、物力、财力研发激光加工机器人。进入 21 世纪,世界四大机器人巨头公司均研制了激光焊接机器人和激光切割机器人的系列产品。目前在国内外的汽车产业中,激光焊接机器人和激光切割机器人已能完成最先进的加工工艺,获得了广泛应用。在德国大众汽车、美国通用汽车、日本丰田汽车等汽车装配生产线上,已大量采用激光焊接机器人来代替传统的电阻点焊设备,这不仅提高了产品质量和档次,而且减轻了汽车车身质量,节约了大量材料,使企业获得了很高的经济效益,提高了市场竞争能力。

激光加工机器人(见图 1-6)是光机电高度一体化的装置,它将机器人技术应用于激光加工中,实现更加柔性的激光加工作业。该类型机器人既可通过示教盒进行在线操作,也可通过离线方式进行编程。它通过对加工工件的自动检测,产生加工件的模型,继而生成加工曲线。此外,它也可以利用计算机辅助设计(Computer Aided Design,CAD)数据直接加工。激光加工机器人通常用于工件的激光表面处理、打孔、切割、焊接和模具修复等。

(a)　　　　　　　　　　　　(b)

图 1-6　激光加工机器人

激光加工机器人主要由以下几大部分组成:

(1)高功率光纤传输激光器;

(2)光纤耦合和传输系统;

(3)激光光束变换光学系统;

(4)六自由度机器人本体;

(5)机器人数字控制系统(控制器、示教盒);

(6)计算机离线编程系统(计算机、软件);

(7)机器视觉系统;

(8)激光加工头;

(9)材料进给系统(高压气体、送丝机、送粉器);

(10)激光加工工作台。

激光加工机器人是高度柔性加工系统,所以要求激光器必须具有高度的柔性,目前都选择可光纤传输的激光器。激光加工机器人加工作业时,从高功率激光器发出的激光经光纤耦合传输到激光光束变换光学系统,光束经过整形聚焦后进入激光加工头。根据不同用途(切割、焊接、熔覆)选择不同的激光加工头,再选用不同材料的进给系统(高压气体、送丝机、送粉器)。激光加工头装于六自由度机器人本体手臂末端。激光加工头的运动轨迹和激光加工参数是根据机器人控制系统提供指令进行编制的:首先由激光加工操作人员在机器人示教盒上进行示教编程或在计算机上进行离线编程;然后,材料进给系统将材料(高压气体、金属丝、金属粉末)与激光同步输入到激光加工头,高功率激光与进给材料同步作用完成加工任务。机器视觉系统对加工区进行检测,并将检测信号反馈至机器人数字控制系统,从而实现加工过程的实时控制。

激光加工机器人的关键技术包括以下方面:

(1)机器人结构优化设计技术:采用大范围框架式本体结构,在增大作业范围的同时,保证机器人的运动精度。

(2)机器人系统误差补偿技术:针对激光加工机器人工作空间大、精度要求高等特点,并结合其结构特性,采取非模型方法与基于模型方法的混合机器人补偿方法,完成几何参数误差和非几何参数误差的补偿。

(3)高精度机器人检测技术:将三坐标测量技术和机器人技术结合,实现机器人高精度在线测量。

(4)激光加工机器人专用语言编程技术:根据激光加工及机器人作业特点,完成激光加工机器人专用语言程序的编制。

(5)网络通信和离线编程技术:具有串口控制器局域网(Controller Area Network,CAN)等网络通信功能,实现对机器人生产线的监控和管理,并实现上位机对机器人的离线编程控制。

4.真空机器人

真空机器人(见图1-7)是一种在真空环境下工作的工业机器人,主要应用于半导体工业,可帮助人们实现晶圆在真空腔室内的传输。

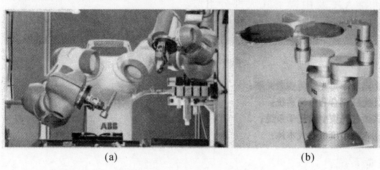

(a)   (b)

图1-7 真空机器人

对于半导体工业来说,真空机器人是一种非常关键的自动化设备,它能够帮助人们实现超洁净生产,提高晶圆的生产质量。真空机器人通用性强、适用性好,受到人们的青睐,但其关键组成部分——真空机械手的用量大、价格高、难进口,成为制约我国半导体整机装备研发进度和整机产品竞争力的关键部件。国外对我国买家一向严加审查,将其归属于对我国禁运产品目录。近年来,国内一些知名机器人制造企业在真空机器人开发方面取得了突破,如新松机器人自动化股份有限公司研制的真空机械手[见图1-7(b)]已在替代进口产品方面迈出坚实步伐。

真空机器人的关键技术包括以下几方面:

(1)真空机器人新构型设计技术:通过结构分析和优化设计,避开国际专利,设计新构型以满足真空机器人对刚度和伸缩比的要求。

(2)大间隙真空直接驱动(直驱)电机设计技术:涉及大间隙真空直驱电机和高洁净直驱电机,需要开展电机理论分析、结构设计、制作工艺研发、电机材料表面处理、低速大转矩控制、小型多轴驱动器设计等工作。

(3)真空环境下由多轴组成的精密轴系设计:采用套轴设计的思路与方法,减小不同轴之间的同心度误差以及惯量对称的问题。

(4)动态轨迹修正技术:通过传感器信息和机器人运动信息的融合,检测出晶圆与机械手手指基准位置之间的偏移,通过动态修正运动轨迹,保证机器人准确地将晶圆从真空腔室中的一个工位传送到另一个工位。

(5)符合国际半导体设备材料产业协会(Semiconductor Equipment and Materials International,SEMI)标准的真空机器人语言生成技术:根据真空机器人搬运要求、机器人作业特点及 SEMI 标准,完成真空机器人专用语言的设计与生成。

(6)可靠性系统工程技术:在集成电路(IC)制造中,任何设备故障都会带来生产上的损失。根据半导体设备对平均无故障时间(Mean Time Between Failures,MTBF)的严格要求,对各个部件的可靠性进行测试、评价和控制,提高真空机械手各个部件的可靠性,从而保证其满足 IC 制造的高要求。

5. 洁净机器人

随着半导体、电子、生物医药等行业的不断发展,人们越来越需要微型化、精密化、高纯度、高质量和高可靠性的洁净生产环境。洁净机器人(见图 1-8)就是一种工作在洁净环境中完成特定物料搬运任务的工业机器人。特殊的用途和环境要求洁净机器人必须满足以下要求:一是能够高速运行,以缩短系统制造的时间,提高生产效率;二是运行时平稳无振动,能够控制空气中分子级别颗粒飞舞造成的污染;三是运转精度高,能够提高晶圆加工的质量,保证正品率,降低生产成本。

图 1-8 洁净机器人

洁净机器人的关键技术包括以下方面:

(1)机器人洁净润滑技术:通过采用负压抑尘结构和非挥发性润滑脂,实现机器人工作时对环境无颗粒性污染,保持生产环境洁净的要求。

(2)机器人平稳控制技术:通过轨迹优化和提高关节伺服性能,实现机器人在高速搬运过程中的平稳性要求。

(3)机器人小型化技术:通过实施机器人小型化技术,减小洁净机器人的占用空间,以降低洁净室的建造成本和运营成本。

(4)晶圆检测技术:采用光学传感器,通过机器人的扫描运动,获得卡匣中晶圆有无缺片和倾斜等信息,保证高品质生产。

6. 码垛机器人

码垛机器人(见图 1-9)是典型的机电一体化高科技产品,它对企业提高生产效率、增加经济效益、保证产品质量、改善劳动条件、优化作业布局的贡献非常大,其应用的数量和质量标志着企业生产自动化的水平。时至今日,机器人码垛是工厂实现自动化生产的关键,是工业大生产发展的必然趋势,因而研制与推广高速、高效、高智、可靠、节能的码垛机器人具有重大意义。

图 1-9 码垛机器人

所谓机器人堆垛作业就是按照集成化、单元化的思想,由机器人自动按照一定的堆放模式将输送线或传送带上源源不断传输的货物,在预置货盘上堆码成垛,实现单元化物垛的搬运、存储、装卸、运输等物流活动。码垛机器人是一种专门用于自动化码垛搬运的工业机器人,替代人工搬运与码垛,能大幅提高企业的生产效率和产量,同时还能显著减少人工搬运造成的差错。它可全天候作业,可广泛应用于化工、饮料、食品、啤酒、塑料等生产企业,对各种纸箱,啤酒箱、袋装、罐装、瓶装物品都能适用。

码垛机器人的关键技术包括以下方面:

(1)智能化、网络化的码垛机器人控制器技术。

(2)码垛机器人的故障诊断与安全维护技术。

(3)模块化、层次化的码垛机器人控制器软件系统技术。

(4)码垛机器人开放性、模块化的控制系统体系结构技术。

7. 喷涂机器人

喷涂机器人(见图 1-10)是一种可进行自动喷漆或喷涂其他涂料的工业机器人。喷涂机器人主要由机器人本体、计算机和相应的控制系统组成,液压驱动的喷涂机器人还包括液压油源,如油泵、油箱和电机等。喷涂机器人大多采用五或六自由度关节式结构,其手臂拥有较大的运动空间,可作较为复杂的轨迹运动;其腕部一般只有 2~3 个自由度,运动十分灵活。较为先进的喷涂机器人,其腕部则采用柔性手腕,既可向各个方向弯曲,又可转动,其动作类似人类的手腕,能够方便、快捷地通过小孔伸入工件内部,喷涂工件内表面。喷涂机器人一般采用液压驱动,具有动作速度快、防爆性能好等特点,可通过手把手示教或点位示教来实现示教。目前,喷涂机器人广泛用于汽车、仪表、电器、搪瓷等行业,在改善生产品质、提高喷涂效率方面发挥着巨大作用。

喷涂机器人是机器人技术与表面喷涂工艺相结合的产物,是工业机器人"家族"中的一个特殊成员,其主要优点如下:

（1）柔性高，工作范围大。

（2）提高喷涂质量和材料使用率，易于操作和维护。

（3）可离线编程，大大缩短了现场调试时间。

（4）设备利用率高。喷涂机器人的利用率可达 90％～95％。

图 1-10　喷涂机器人

　　相对于其他工业机器人，喷涂机器人在使用中的特殊之处有三：一是其末端执行器要求能够完成较高速度的运动，而且必须在整个喷涂区保持速度均匀；二是工作环境提出防爆要求；三是喷涂机器人施加于工件的介质为半流体状，因此要求漆、气管不得悬于机器人手臂之外，以免破坏已喷涂的工件表面。

8.检测机器人

　　检测机器人是机器人"家族"中的特殊成员，是专门用于检查、测量等场合的机器人，按运动方式和应用场合可分为多种类型，它们在不同行业或部门发挥着重要作用。图 1-11 所示为一种中央空调风管检测机器人，它能够深入空调风管内部详细检测相关数据或情况，为后续处置方案的制定提供可靠资料。图 1-12 所示为一种在零件加工现场使用的工件应力检测机器人，它能够凭借所携的应力检测仪准确检测工件的应力状况，为加工合格产品提供有力帮助。图 1-13 所示为一种视觉检测机器人，它位于生产流水线旁，仔细查看每一个从它面前高速经过的物品，准确判断其是否合格，为提高企业产品的良品率做出重要贡献。图 1-14 所示为一种轮式管道检测机器人，其"个头"虽然小巧，却是一个典型的机、电、仪一体化系统。该机器人携带着一种或多种传感器及操作机械，在工作人员的遥控或计算机操控系统控制下，沿细小管道内部或外部自动行走，进行一系列管道检测作业。

图 1-11　中央空调风管检测机器人　　　　图 1-12　工件应力检测机器人

图 1-13　视觉检测机器人

图 1-14　轮式管道检测机器人

1.3.2　工业机器人的应用

随着工业机器人发展深度的加深、广度的拓宽以及机器人智能水平的提高,工业机器人已在众多领域得到了应用。目前,工业机器人已广泛应用于汽车及汽车零部件制造业、机械加工行业、电子电气行业、橡胶及塑料工业、食品工业、木材与家具制造业等行业中。在工业生产中,弧焊机器人、焊接机器人、装配机器人、喷漆机器人及搬运机器人等工业机器人都已被大量应用。

汽车制造是一个技术和资金高度密集的产业,也是工业机器人应用最广泛的行业(汽车行业中应用的工业机器人占到整个工业机器人的一半以上)。在我国,工业机器人最初也是应用于汽车和工程机械行业中。在汽车生产中,工业机器人是一种主要的自动化设备,在整车及零部件生产的弧焊、点焊、喷涂、搬运、涂胶、冲压等工艺中大量使用。据预测,我国正在进入汽车拥有率上升的时期,工业机器人在我国汽车行业的应用将得到快速发展。

除了在汽车行业的广泛应用,工业机器人在电子、食品加工、非金属加工、日用消费品和木材家具加工等行业的应用需求也快速增长。此外,工业机器人在石油产业方面也有广泛的应用,如海上石油钻井,采油平台的建设,管道的检测,炼油厂、大型油罐和储罐的焊接等均可使用工业机器人来完成。

我国工业机器人专家已开始关注更多行业,如光伏产业,动力电池制造业,化纤、玻璃纤维制造业,砖瓦制造业,五金打磨,冶金浇铸和医药等行业,都有工业机器人代替人工的空间。

总之,工业机器人的广泛应用,可以逐步改善劳动条件,使企业得到更强并可控的生产能力,加快产品更新换代,提高生产效率和保证产品质量,节约劳动力,提供更安全的工作环境,减少工艺过程中的工作量及降低停产时间,有利于提高企业竞争力。

1.4　工业机器人的发展趋势

工业机器人在许多生产领域的使用实践证明,它在提高生产自动化水平,提高劳动生产率、产品质量以及企业经济效益,改善工人劳动条件等方面,有着非常重要的作用,引起了世界各国的广泛关注。

1. 国外发展趋势

日本将机器人技术列为战略产业,韩国将机器人技术作为"增长发动机产业"。多个发达国家政府早年通过制定政策,采取一系列措施鼓励企业应用机器人,设立科研基金鼓励机器人的研发设计,从政策上、资金上给予大力支持,对工业机器人的应用和研究走在世界的前列。各国普遍看好世界工业机器人市场,都在期待工业机器人的应用研究有技术上的突破。从近几年世界工业机器人推出的产品来看,工业机器人技术正在向智能化、模块化和系统化的方向发展,其发展趋势主要为结构的模块化和可重构化,控制技术的开放化、电脑(PC)化和网络化,伺服驱动技术的数字化和分散化,多传感器融合技术的实用化,工作环境设计的优化,作业柔性化以及系统的网络化和智能化等方面。

国外机器人领域发展趋势如下:

(1)工业机器人性能不断提高,而单机价格不断下降。

(2)机械结构向模块化、可重构化发展,例如已实现关节模块中的伺服电机、减速机、检测系统三位一体化,使用关节模块、连杆模块通过重组方式构造机器人整机。国外已有模块化装配机器人产品问世。

(3)工业机器人控制系统向基于 PC 的开放型控制器方向发展,便于标准化、网络化。此外,器件集成度提高,控制柜日趋小巧,且采用模块化结构,大大提高了系统的可靠性、易操作性和可维修性。

(4)机器人中的传感器作用日益重要。装配、焊接机器人采用了位置、速度、加速度、视觉、力觉等传感器,而遥控机器人则采用视觉、声觉、力觉、触觉等多传感器的融合技术来进行环境建模及决策控制。多传感器融合配置技术在产品化系统中已有成熟应用。

(5)虚拟现实技术在机器人中的作用已从仿真、预演发展到用于过程控制,如通过遥控机器人操作者在远端作业环境中的感觉来操纵机器人。

(6)当代遥控机器人系统的发展特点不是追求全自治系统,而是致力于操作者与机器人的人-机交互控制,即遥控加局部自主系统构成完整的监控遥控操作系统,使智能机器人走出实验室,进入实用化阶段。

(7)机器人化机械开始兴起。自 1994 年美国开发出虚拟轴机床以来,这种新型装置已成为国际研究的热点之一,各国纷纷开拓其实际应用的领域。

2. 国内发展趋势

我国工业机器人研究取得了较大进展,目前在关键技术上有所突破,但还缺乏整体核心技术的突破;应用遍及多个行业,但进口机器人占绝大多数。工业机器人近期研究目标:开展高速、高精、智能化工业机器人技术的研究工作,建立并完善新型工业机器人智能化体系结构;研究高速、高精度工业机器人控制方法并研制高性能工业机器人控制器,实现高速、高精度的作业;针对焊接、喷涂等作业任务,研究工业机器人的智能化作业技术,研制自动焊接工业机器人、自动喷涂工业机器人样机,并在汽车制造行业,焊接行业开展应用示范。

下一步的发展思路,是发展以工业机器人为代表的智能制造,以高端装备制造业重大产业长期发展工程为平台和载体,系统推进智能技术、智能装备和数字制造的协调发展,实现我国高端装备制造的重大跨越。具体分两步进行:第一步,2012—2020 年,基本普及数控化,在若干领域实现智能制造装备产业化,为我国制造模式转变奠定基础;第二步,2021—2030 年,全面实现数字化,在主要领域全面推行智能制造模式,基本形成高端制造业的国际竞争优势。

工业机器人市场竞争越来越激烈,中国制造业面临着与国际接轨、参与国际分工的巨大挑战,加快工业机器人的研究开发与生产是使我国从制造业大国走向制造业强国的重要手段和途径。未来几年,国内机器人研究人员将重点研究工业机器人智能化体系结构,高速、高精度控制,智能化作业,形成新一代智能化工业机器人的核心关键技术体系,并在相关行业开展应用示范和推广。新一代智能化工业机器人的核心关键技术如下:

(1)工业机器人智能化体系结构标准。研究开放式、模块化的工业机器人系统结构和工业机器人系统的软硬件设计方法,形成切实可行的系统设计行业标准、国家标准和国际标准,以便于系统的集成、应用与改造。

(2)工业机器人新型控制器技术。研制具有自主知识产权的先进工业机器人控制器。研究具有高实时性的、多处理器并行工作的控制器硬件系统;针对应用需求,设计基于高性能,低成本总线技术的控制和驱动模式。深入研究先进控制方法、策略在工业机器人中的工程实现,提高系统高速、重载、高追踪精度等动态性能,提高系统开放性。通过人-机交互方式建立模拟仿真环境,研究开发工业机器人自动/离线编程技术,增强人-机交互和二次开发能力。

(3)工业机器人智能化作业技术。实现以传感器融合、虚拟现实与人-机交互为代表的智能化技术在工业机器人上的可靠应用,提升工业机器人的操作能力。比如,除采用传统的位置、速度、加速度等传感器外,装配、焊接机器人还应用了视觉、力觉等传感器来实现协调和决策控制,喷涂机器人还应用视觉效果实现姿态反馈控制。此外,还要研究虚拟现实技术与人-机交互环境建模系统。

(4)成线成套装备技术。针对汽车制造业、焊接行业等具体行业工艺需求,结合新型控制器技术和智能化作业技术的研究,研究与行业密切相关的工业机器人应用技术,以工业机器人为核心的生产线上的相关成套装备设计技术,如开发弧焊机器人用激光视觉焊缝跟踪装置,研制喷涂线的喷涂设备以及相关功能部件并加以集成,形成我国以智能化工业机器人为核心的成套自动化制造装备。

(5)系统可靠性技术。可靠性技术是与设计、制造、测试和应用密切相关的。建立工业机器人系统的可靠性保障体系是确保工业机器人实现产业化的关键。在产品的设计、制造和测试环节,研究系统可靠性保障技术,可为工业机器人的广泛应用提供保证。

我国的工业机器人产业化必须由市场来拉动。工业机器人作为高技术产业,它的发展与社会的生产、经济状况密切相关。工业机器人的研制、开发只有从技术应用层面出发突破性才会更大,以此为原则,选择机器人优先应用的领域,并以此为突破口,向其他领域渗透、扩散甚为重要。

综合国内外工业机器人研究和应用现状可知,工业机器人的研究正在朝着智能化、模块化、系统化、微型化、多功能化及高性能、自诊断、自修复等方向发展,以适应多样化、个性化的需求。

习 题

1.简述工业机器人的定义,说明工业机器人的主要特点。

2.简述工业机器人的基本组成及其各部分的作用。

3.按工业机器人关节在不同坐标形式下的组合进行分类,可将工业机器人分为哪几类?

第 2 章　工业机器人的机械系统

通过第 1 章的学习,我们了解了工业机器人的基本概念、基本组成和分类。那么机器人为什么能完成人们设计的规定动作?我们知道要想让机器人完成规定的动作,实现机器人的基本功能,机器人就必须有稳定的机械系统。稳定、精确的机械系统是机器人完成规定动作的基本保障。机器人机械系统的作用和我们人体的骨骼类似。本章主要介绍工业机器人的机械系统。

知识目标
- 掌握工业机器人的手臂机构、机身结构。
- 了解工业机器人的手部结构、手腕结构和行走机构。

能力目标
- 能够识别工业机器人的手部机构、手臂结构、机身结构和行走机构。
- 能够分析各种机械机构的工作原理。

情感目标
- 培养学生对工业机器人机械结构的兴趣。
- 培养学生关心科技、热爱科学、勇于探索的精神。

通过前面的学习,我们知道工业机器人主要代替人在工业生产中做某些单调、频繁和重复的长时间作业,或是在危险、恶劣环境下的作业。那么它是如何完成这些工作的呢?从本章开始,我们就介绍工业机器人本体的各个组成部分。本章主要介绍工业机器人的机械系统组成及其工作原理。

提及机器人,人们想到较多的是那些具有人类形态、拟人化的机器人。但事实上,除部分场所中的服务机器人外,大多数机器人都不具有基本的人类形态,更多的是以机械手的形式存在,这点在工业机器人身上体现得非常明显。工业机器人的机械系统主要包括手部(末端执行器)、手腕、手臂、机身和行走机构五部分。

2.1　工业机器人的手部结构

工业机器人是一种通用性很强的自动化设备,可根据作业要求,再配上各种专用的末端执行器来完成各种动作。如在通用机器人上安装焊枪就得到一台焊接机器人,安装拧螺母机则得到一台装配机器人。工业机器人的手部是最重要的执行机构。

工业机器人必须有"手",这样它才能根据电脑发出的"命令"执行相应的动作。"手"不仅是一个执行命令的机构,还应该具有识别的功能,即通常所说的"触觉"。机器人的手一般由方形的手掌和节状的手指组成。为了使机器人手具有触觉,在手掌和手指上都装有带有弹性触点的触敏元件,当手指触及物体时,触敏元件发出接触信号,否则就不发出信号。由于被握工件的形状、尺寸、质量、材质及表面状态等不同,因此工业机器人的手是多种多样的,并大致可分为夹持式取料手、吸附式取料手、专用工具(如焊枪、喷嘴、电磨头等)和仿人手部四类。

2.1.1　夹持式取料手

夹持式取料手分为三种:夹钳式、钩拖式和弹簧式。

(1)夹钳式手部。夹钳式手部与人手相似,是工业机器人广为采用的一种手部形式。它一般由手指、驱动机构、传动机构和支架组成,如图2-1所示。

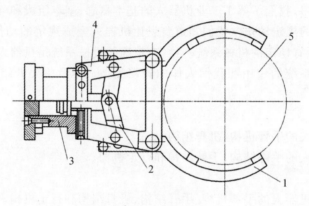

1—手指;2—传动机构;3—驱动机构;4—支架;5—工件

图2-1　夹钳式手部的组成

手指是直接与工件接触的部件。手部松开和夹紧工件,就是通过手指的张开与闭合来实现的。一般情况下,机器人的手部有两个手指,也有三个或多个手指的,它们的结构形式常取决于被夹持工件的形状和特性。

1)回转型传动机构。回转型传动机构是指夹钳式手部,其手指就是一对(或几对)杠杆,再同斜楔、滑槽、连杆、齿轮、蜗杆或螺杆等机构组成复合式杠杆传动机构,用以改变传动比(机构中两转动构件角速度的比值,也称为速比)和运动方向等。传动机构是向手指传递运动和动力,以实现夹紧和松开动作的机构。该机构根据手指开合的动作特点分为回转型和平移型两类(根据支点数目,回转型分为一个支点回转型和多个支点回转型两类。根据手爪夹紧是摆动还是平动,回转型又可分为摆动回转型和平动回转型两类)。

2)平移型传动机构。平移型传动机构是指平移型夹钳式手部,它是通过手指的指面做直线往复运动或平面移动来实现张开或闭合动作的,常用于夹持具有平行平面的工件,如冰箱等。其结构较复杂,不如回转型手部应用广泛。根据其结构,平移型传动机构大致可分为直线往复移动机构和平面平行移动机构两种。

A.直线往复移动机构。实现直线往复移动的机构很多,常用的斜楔传动、齿条传动、螺旋传动等均可应用于手部结构。图2-2(a)所示为斜楔平移机构,图2-2(b)所示为连杆杠杆平移机构,图2-2(c)所示为螺旋斜楔平移机构。它们既可是双指型的,也可是三指(或多指)型的;既可自动定心,也可非自动定心。

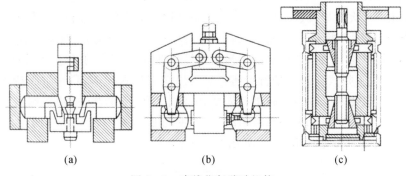

(a)　　　　　　　　　　(b)　　　　　　　　　　(c)

图 2 - 2　直线往复移动机构

B. 平面平行移动机构。图 2 - 3 所示为几种平面平行移动型夹钳式手部的简图。图 2 - 3(a)所示为采用齿条齿轮传动的手部,图 2 - 3(b)所示为采用蜗杆传动的手部,图 2 - 3(c)所示为采用连杆斜滑槽传动的手部。它们的共同点是都采用平行四边形的铰链机构与双曲柄铰链四连杆机构,以实现手指平移。其差别在于采用了不同的传动方法,即分别采用齿条齿轮、蜗杆蜗轮和连杆斜滑槽。

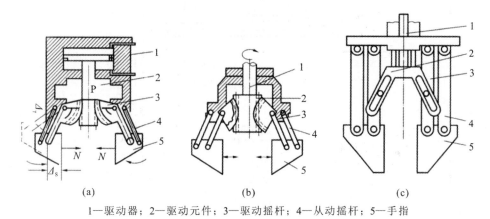

(a)　　　　　　　　　　(b)　　　　　　　　　　(c)

1—驱动器；2—驱动元件；3—驱动摇杆；4—从动摇杆；5—手指

图 2 - 3　平面平行移动机构

(2)钩拖式手部。钩拖式手部的主要特征是不靠夹紧力来夹持工件,而是利用手指对工件的钩、拖、捧等动作来搬运工件。应用钩拖方式可降低对驱动力的要求,简化手部结构,甚至可以省略手部驱动装置。它适用于在水平面内和垂直面内作低速移动的搬运工作,尤其对大型、笨重的工件或结构粗大而质量较轻且易变形工件的搬运更有利。

(3)弹簧式手部。弹簧式手部靠弹簧力将工件夹紧,手部不需要专用的驱动装置,结构简单。它的特点是,工件进入手指和从手指中取下工件都是由外力强制完成的。由于弹簧力有限,故弹簧式手部只适用于夹持轻、小工件。

2.1.2　吸附式取料手

吸附式取料手靠吸附力取料,根据吸附力的不同,分为气吸附和磁吸附两种。吸附式取料手适用于大平面(单面接触无法抓取)、易碎(玻璃、磁盘)、微小(不易抓取)的物体,因此使用面很广。

(1)气吸附式取料手。气吸附式取料手是工业机器人常用的一种吸持工件的装置。它由吸盘(一个或几个)、吸盘架及进排气系统组成,是利用吸盘内的压力和大气压之间的压力差工作的。与夹钳式取料手相比,气吸附式取料手具有结构简单、质量轻、吸附力分布均匀等优点,对薄片状物体,如板材、纸张、玻璃等的搬运更有优越性,广泛应用于非金属材料或不可有剩磁的材料的吸附。气吸附式取料手的特点还有对工件表面没有损伤,且对被吸持工件预定的位置精度要求不高,但要求工件表面较平整光滑、清洁、无孔、无凹槽,材质致密,没有透气空隙。按形成压力差的方法,它可分为真空吸附取料手(见图 2-4)、气流负压气吸附取料手(见图 2-5)和挤压排气负压气吸附式取料手(见图 2-6)等。

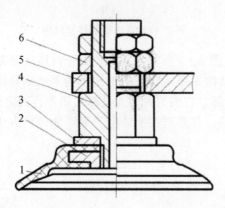

1—橡胶吸盘;2—固定环;3—垫片;4—支承杆;5—基板;6—螺母

图 2-4　真空吸附取料手

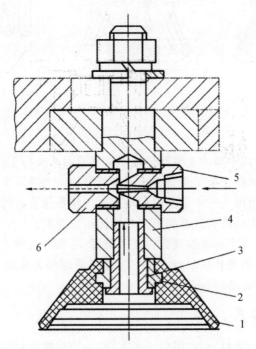

1—橡胶吸盘;2—心套;3—透气螺钉;4—支承杆;5—喷嘴;6—喷嘴套

图 2-5　气流负压气吸附取料手

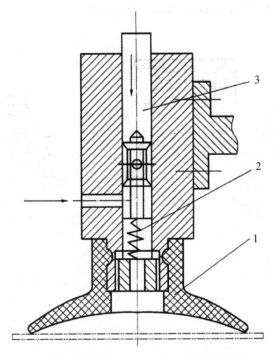

1—橡胶吸盘；2—心套；3—透气螺钉

图 2-6　挤压排气负压气吸附式取料手

（2）磁吸附式取料手。磁吸附式取料手是利用永磁铁或电磁铁通电后产生的磁力来吸附工件的，其应用较广泛。磁吸式手部与气吸式手部相同，不会破坏被吸附表面质量。磁吸附式手部比气吸附式手部优越的是：有较大的单位面积吸力，对工件表粗糙度及有无通孔、沟槽等无特殊要求。

图 2-7 所示为几种磁吸附式取料手原理示意图。图 2-7(a)为吸附滚动轴承底座的磁吸附式取料手，图 2-7(b)为吸取钢板的磁吸附式取料手，图 2-7(c)为吸取齿轮的磁吸附式取料手，图 2-7(d)为吸附多孔钢板的磁吸附式取料手。

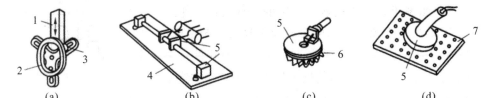

(a)　　　　　　　(b)　　　　　　　(c)　　　　　　　(d)

1—手臂；2—滚动轴承座圈；3—手部电磁式吸盘；4—钢板；5—电磁式吸盘；6—齿轮；7—多孔钢板

图 2-7　几种磁吸附式取料手取料示意图

2.1.3　专用工具

机器人配上多种专用的末端执行器后，就能完成不同动作。目前有许多由专用电动、气动工具改造而成的执行器，如图 2-8 所示，有拧螺母机、焊枪、电磨头、电铣头、抛光头、激光切割机等。这些专用工具形成整套系列产品供用户选用,使机器人能胜任各种工作。

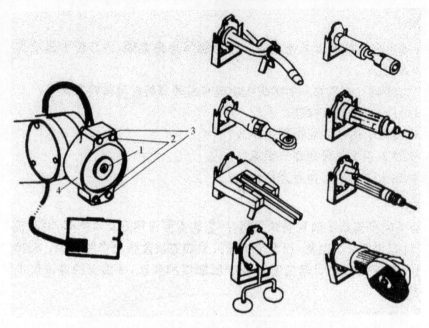

1—气路接头;2—定位销;3—电接头;4—电磁吸盘

图 2-8　专用工具

2.1.4　仿人手部

　　目前,大部分工业机器人的手部只有 2 个手指,而且手指上一般没有关节。因此取料不能适应物体外形的变化,不能使物体表面承受比较均匀的夹持力,进而无法对复杂形状、不同材质的物体实施夹持和操作。要提高机器人手部和手腕的操作能力、灵活性和快速反应能力,使机器人手能像人手一样进行各种复杂的作业,它必须运动灵活、动作多样,这样的手也称为仿人手。机器人手爪和手腕最完美的形式是模仿人手的多指灵巧手。图 2-9 所示即为多指灵巧手,它有多个手指,每个手指有 3 个回转关节,每一个关节的自由度都是独立控制的,因此,几乎人手指能完成的各种复杂动作它

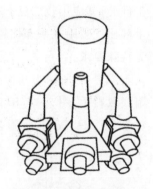

图 2-9　多指灵巧手

都能模仿,如拧螺钉、弹钢琴、作礼仪手势等。在手部配置触觉、力觉、视觉、温度传感器,多指灵巧手便趋于完美。多指灵巧手的应用前景十分广泛,可在各种极限环境下完成人手无法实现的操作,如核工业领域、宇宙空间作业,在高温、高压、高真空环境下作业等。

2.2　工业机器人的手臂结构

　　在讲述工业机器人的手臂结构之前,可以先想想人的手臂所处的位置及作用,再推想机器人的手臂所处的位置及作用。

机器人手臂是连接机身和手腕的部件,它的主要作用是确定手部的空间位置,满足机器人的作业空间要求,并将各种载荷传递到机座。

手臂部件(臂部)是机器人的主要执行部件,它的作用是支撑手碗和手部,并带动它们在空间运动。机器人的手臂由大臂、小臂(或多臂)组成。手臂的驱动方式主要有液压驱动、气动驱动和电动驱动三种形式,其中电动驱动形式最为常用。因此,一般机器人手臂有 3 个自由度,即手臂的伸缩、左右回转和升降(或俯仰)。机器人的手臂主要包括臂杆以及与其伸缩、屈伸或自转等运动有关的构件,如传动机构、驱动装置、导向定位装置、支撑连接和位置检测元件等,此外,还有与手腕或手臂的运动和连接支撑等有关的构件、配管配线等。

2.2.1　手臂的分类

按运动和布局装置分类,手臂可分为伸缩型手臂结构、转动伸缩型手臂结构、驱伸型手臂结构、其他专用的机械传动手臂结构等。

手臂回转和升降运动是通过机座的立柱实现的,立柱的横向移动即为手臂的横移。手臂的各种运动通常由驱动机构和各种传动机构来实现,因此,它不仅承受被抓取工件的质量,而且承受末端执行器、手腕和手臂自身的质量。手臂的结构、工作范围、灵活性、抓重大小(即臂力)和定位精度都直接影响机器人的工作性能。

按手臂的结构形式分类,手臂可分为单臂式手臂结构、双臂式手臂结构和悬挂式手臂结构等三类。图 2 - 10 所示为手臂的三种结构形式。图 2 - 10(a)(b)所示为单臂式手臂结构,图 2 - 10(c)所示为双臂式手臂结构,图 2 - 10(d)所示为悬挂式手臂结构。

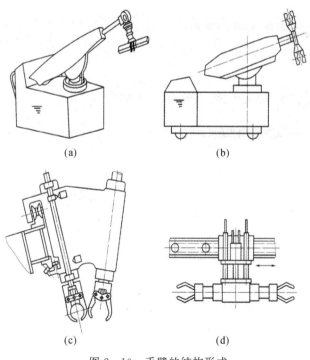

(a)　　　　　　　　　　　　　(b)

(c)　　　　　　　　　　　　　(d)

图 2 - 10　手臂的结构形式

按手臂的运动形式分类,手臂可分为直线运动型手臂结构、回转运动型手臂结构和复合运动型手臂结构三类。

直线运动是指手臂的伸缩、升降及横向(或纵向)移动。回转运动是指手臂的左右回转、升降(或俯仰)。复合运动是指直线运动和回转运动的组合,两直线运动的组合,两回转运动的组合。

2.2.2 手臂的运动机构

1. 手臂的直线运动机构

机器人手臂的伸缩、升降及横向(或纵向)移动均属于直线运动,而实现手臂往复直线运动的活塞连杆机构等运动机构的应用较多,常用的有活塞油(气)缸、活塞缸和齿轮齿条机构、丝杠螺母机构等。

直线往复运动可采用液压或气压驱动的活塞油(气)缸。由于活塞油(气)缸的体积小、质量轻,故在机器人手臂结构中的应用较多。图 2-11 所示为双导向杆手臂的伸缩结构。手臂和手腕通过连接板安装在升降油缸的上端,双作用油缸 1 的两腔分别通入压力油,推动活塞杆 2(即手臂)做往复直线移动。导向杆 3 在导向套 4(兼作手腕回转缸 6 及手部的夹紧油缸 7 用的输油管道)内移动,以防手臂伸缩时的转动。由于手臂的伸缩油缸安装在两根导向杆之间,导向杆承受弯矩作用,活塞杆只受拉压作用,故其受力简单、传动平稳、整体外形美观、结构紧凑。

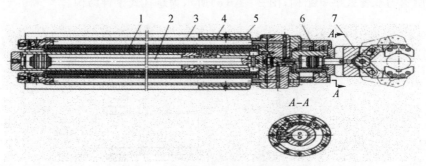

1—双作用油缸;2—活塞杆;3—导向杆;4—导向套;5—支承座;6—手腕回转缸;7—手部的夹紧油缸

图 2-11 双导向杆手臂的伸缩结构

2. 手臂的回转运动机构

实现工业机器人手臂回转运动的机构形式是多种多样的,常用的有叶片式回转缸、齿轮传动机构、链轮传动机构和连杆机构。下面以齿轮传动机构中的活塞缸和齿轮齿条机构为例说明手臂的回转。

齿轮齿条机构通过齿条的往复移动带动与手臂连接的齿轮做往复回转,即可实现手臂的回转运动。带动齿条往复移动的活塞缸可以由压力油或压缩气体驱动。图 2-12 所示为手臂做升降和回转运动的结构。活塞缸两腔分别进压力油,推动齿条活塞 7 做往复移动,与齿条活塞 7 啮合的齿轮 4 做往复回转。齿轮 4、升降缸体 2、连接板 8 均用螺钉连接成一体,连接板又与手臂固连,从而实现手臂的回转运动。升降油缸的活塞杆通过连接盖 5 与机座 6 连接而固定不动,升降缸体 2 沿导向套 3 做上下移动,因升降油缸外部装有导向套,故刚度大,传动平稳。

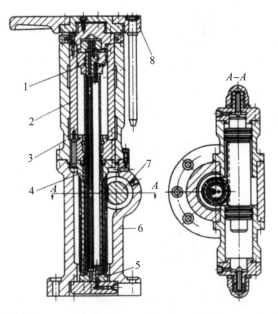

1—活塞杆;2—升降缸体;3—导向套;4—齿轮;5—连接盖;6—机座;7—齿条活塞;8—连接板

图 2 - 12　手臂做升降和回转运动的结构

3. 手臂的俯仰运动机构

机器人手臂的俯仰运动一般通过活塞油(气)缸与连杆机构来实现。手臂俯仰运动用的活塞缸位于手臂的下方,其活塞杆和手臂用铰链连接,缸体采用尾部耳环或中部销轴等方式与立柱连接,如图 2 - 13 和图 2 - 14 所示。此外,还有采用无杆活塞缸驱动齿轮齿条或四连杆机构来实现手臂俯仰运动的。

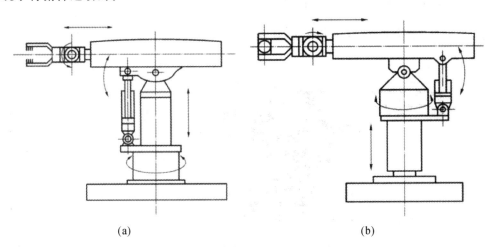

(a)　　　　　　　　　　　　　　　(b)

图 2 - 13　手臂俯仰驱动缸安置示意图

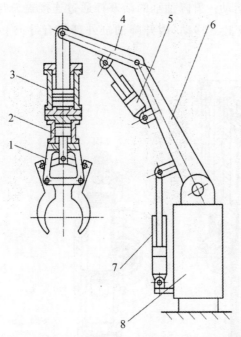

1—手臂；2—夹置缸；3—升降缸；4—小臂；5，7—铰接活塞缸；6—大臂；8—立柱

图2-14　铰接活塞缸实现手臂俯仰运动结构示意图

2.3　工业机器人的手腕结构

在讲述机器人手腕结构之前，可以先来想想人的手腕所处的位置及作用，再推想机器人的手腕所处的位置及作用。

机器人的手腕是连接手部与手臂的部件，它的主要作用是支承手部，调节或改变手部的方位，以实现机器人手部完成复杂动作。手腕上的自由度主要实现手部所期望的姿态，机器人一般需要6个自由度才能使手部达到目标位置和处于所期望的姿态。

2.3.1　手腕的分类

手腕的分类主要有两种方式，即按自由度数目分类和按驱动方式分类。

1. 按自由度数目分类

按自由度数目来分，手腕可分为单自由度手腕、二自由度手腕和三自由度手腕三种。

（1）单自由度手腕。如图2-15所示为单自由度手腕，图2-15（a）是一种翻转（roll）关节（简称"R关节"）。机器人的关节轴线与手臂的纵轴线共线，回转角度不受结构限制，可以回转360°以上。图2-15（b）是一种折曲（bend）关节（简称"B关节"），关节轴线与手臂及手的轴线互相垂直，回转角度受结构限制，通常小于360°。图2-15（c）是一种偏转（yaw）关节（简称"Y关节"），关节轴线与手臂及手的轴线在另一个方向上相互垂直，回转角度受结构限制。图2-15（d）所示为移动关节（简称"T关节"），关节轴线与手臂及手的轴线在一个方向上成一个平面，不能转动，只能移动。

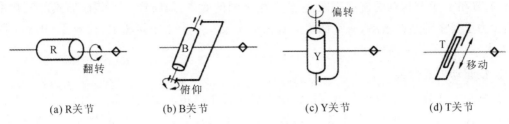

(a) R关节　　　(b) B关节　　　(c) Y关节　　　(d) T关节

图 2-15　单自由度手腕关节

（2）二自由度手腕。如图 2-16 所示为二自由度手腕。二自由度手腕可以由一个 R 关节和一个 B 关节组成 BR 手腕［见图 2-16(a)］，也可以由两个 B 关节组成 BB 手腕［见图 2-16(b)］。但是，不能由两个 R 关节组成 RR 手腕，因为两个 R 共轴线，所以退化了一个自由度，实际只构成了单自由度手腕［见图 2-16(c)］。

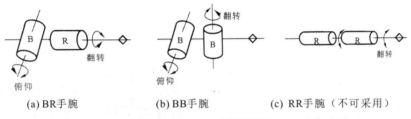

(a) BR手腕　　　(b) BB手腕　　　(c) RR手腕（不可采用）

图 2-16　二自由度手腕

（3）三自由度手腕。如图 2-17 所示，三自由度手腕由 B 关节和 R 关节组成许多种形式。图 2-17(a)所示是通常见到的 BBR 手腕，手部具有俯仰（P）、偏转（Y）和翻转（R）运动，即 RPY 运动。图 2-17(b)所示是由一个 B 关节和两个 R 关节组成的 BRR 手腕，为了不使自由度退化，使手部产生 RPY 运动，第一个 R 关节必须进行如图 2-17(b)所示的偏置。图 2-17(c)所示是三个 R 关节组成的 RRR 手腕，它也可以实现手部 RPY 运动。图 2-17(d)所示是 BBB 手腕，很明显，它已退化为二自由度手腕，只有 PY 运动，实际中不采用这种手腕形式。此

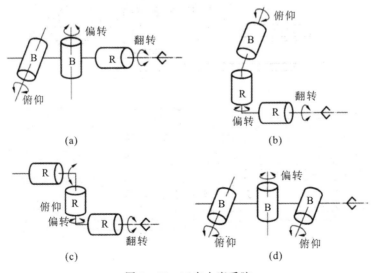

(a)　　　　　　　　(b)

(c)　　　　　　　　(d)

图 2-17　三自由度手腕

外,B关节和R关节排列的次序不同,也会产生不同的效果,同时产生了其他形式的三自由度手腕。为了使手腕结构紧凑,通常把两个B关节安装在一个十字接头上,这对于BBR手腕来说,大大减小了手腕纵向尺寸。

2. 按驱动方式分类

按驱动方式分类,手腕可分为直接驱动手腕和远距离传动手腕两类。图2-18所示为一种液压直接驱动BBR手腕,设计紧凑、巧妙。M_1,M_2,M_3是液压马达,直接驱动手腕的偏转、俯仰和翻转三个自由度上的运动。图2-19所示为一种远距离传动的RBR手腕。Ⅲ轴的转动使整个手腕翻转,即第一个R关节运动。Ⅱ轴的转动使手腕获得俯仰运动,即B关节运动。Ⅰ轴的转动使第二个R关节运动。在c轴离开地平面后,RBR手腕便在三个自由度轴上输出RPY运动。这种远距离传动的好处是可以把尺寸、重量都较大的驱动源放在远离手腕处(有时放在手臂的后端作平衡重量用),这不仅减轻了手腕的整体重量,而且改善了机器人的整体结构的平衡性。

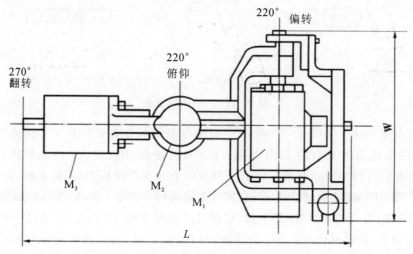

图2-18 液压直接驱动 BBR 手腕

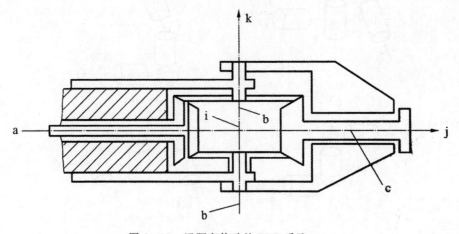

图2-19 远距离传动的 RBR 手腕

2.3.2　手腕的典型结构

确定手部的作业方向一般需要 3 个自由度,这三个回转方向如下。

(1)臂转:使小臂绕自身的轴线旋转。

(2)手转:使手部绕自身的轴线旋转。

(3)腕摆:使手碗相对手臂摆动。

手腕结构的设计要满足传动灵活、结构紧凑轻巧、避免干涉的要求。多数机器人腕部结构的驱动部分安装在小臂上。先设法使几个电动机的运动传递到同轴旋转的心轴和多层套筒上,在运动传入腕部后再分别实现各个动作。

在用机器人进行精密装配作业中,当被装配零件不一致,工件的定位夹具、机器人的定位精度不能满足装配要求时,装配将非常困难,这就引入了柔顺性概念。

柔顺装配技术有两种:一种是从检测、控制的角度,采取不同的搜索方法,实现边校正边装配。另一种是从机械结构的角度,在手腕部配置一个柔顺环节,以满足柔顺装配的要求。

图 2-20 所示是具有水平移动和摆动功能的浮动机构的柔顺手腕。水平移动浮动机构由平面、钢球和弹簧构成,实现在两个方向上的浮动;摆动浮动机构由上、下球面和弹簧构成,实现在两个方向上的摆动。在装配作业中,如遇夹具定位不准或机器人手爪定位不准,可自行校正。其动作过程如图 2-21 所示,在插入装配中,工件局部被卡住时会受到阻力,促使柔顺手腕起作用,使手爪有一个微小的修正量,工件便能顺利插入。图 2-22 所示是另一种结构形式的柔顺手腕,其工作原理与上述柔顺手腕相似。

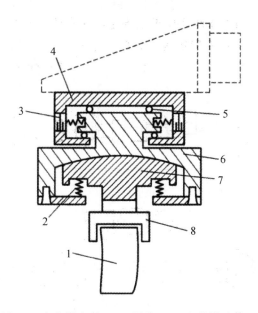

1—工件；2—弹簧；　3—螺杆；4—中空固定件；5—钢珠；6—上部浮动件；7—下部浮动件；8—机械手

图 2-20　具有移动和摆动浮动机构的柔顺手腕

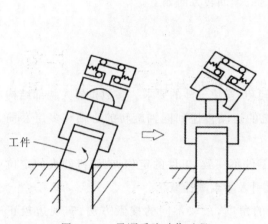

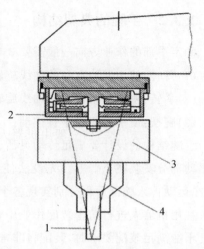

图 2-21　柔顺手腕动作过程

1—工件；2—骨架；3—机械手驱动部；4—机械手

图 2-22　柔顺手腕

　　腕部实际所需要的自由度数应根据机器人的工作性能要求来确定。在有些情况下,腕部具有 2 个自由度,即翻转和俯仰或翻转和偏转。一些专用机械手甚至没有腕部,但有些腕部为了满足特殊要求还有横向移动自由度。图 2-23 所示为多种类型三自由度手腕的结构示意图。

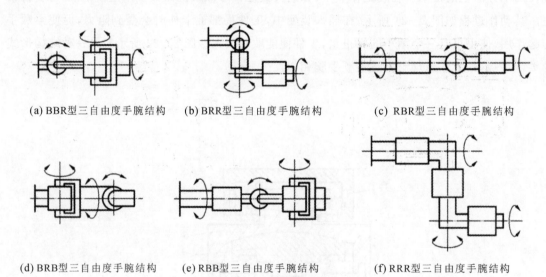

(a) BBR型三自由度手腕结构　　(b) BRR型三自由度手腕结构　　(c) RBR型三自由度手腕结构

(d) BRB型三自由度手腕结构　　(e) RBB型三自由度手腕结构　　(f) RRR型三自由度手腕结构

图 2-23　三自由度手腕的结构示意图

2.4　工业机器人的机身结构

　　机器人的机身是机器人的基础部分,起支承作用。机器人的机身(或称立柱)是直接连接、支承手臂及行走机构的部件。实现手臂各种运动的驱动装置和传动件一般都安装在机身上。手臂的运动越多,机身的受力越复杂。它既可以是固定式的,也可以是行走式的,即在它的下部装有能行走的机构,可沿地面或轨道移动。对于固定式机器人,机身直接连接在地面基础上;对于移动式机器人,机身则安装在移动机构上。机身由手臂运动(升降、平移、回转和俯仰)机构及有关的导向装置、支撑件等组成。机器人的运动方式、使用条件、负载能力各不相同,所采用的驱动装备、传动机构、导向装置也不同,这些使得机身结构有很大差异。

2.4.1　机身的典型结构

机器人的机身结构一般由机器人总体设计确定。例如,圆柱坐标式机器人把回转与升降这 2 个自由度归属于机身,球坐标式机器人把回转与俯仰这两个自由度归属于机身,关节坐标式机器人把回转自由度归属于机身,直角坐标式机器人有时把升降(Z 轴)或水平移动(X 轴)自由度归属于机身。下面介绍两种典型结构机身,即回转与升降机身和回转与俯仰机身。

1. 回转与升降机身

回转与升降机身的特征如下:

(1)油缸驱动,升降油缸在下,回转油缸在上。升降活塞杆的尺寸大。

(2)油缸驱动,回转油缸在下,升降油缸在上,回转油缸的驱动力矩要设计得大一些。

(3)链轮传动机构,回转角度可大于 360°。

图 2－24 所示为链条链轮传动实现机身回转的原理图。图 2－24(a)所示为单杆活塞气缸驱动链条链轮传动机构,图 2－24(b)所示为双杆活塞气缸驱动链条链轮传动机构。

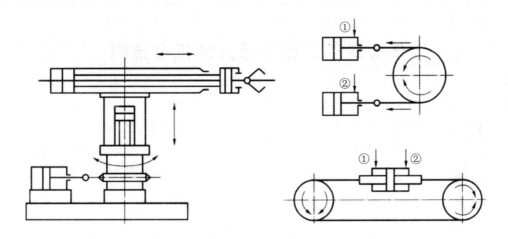

(a) 单杆活塞气缸驱动链条链轮传动机构　　(b) 双杆活塞气缸驱动链条链轮传动机构

1-气缸1；2-气缸2

图 2－24　链条链轮传动实现机身回转的原理图

2. 回转与俯仰机身

机器人手臂的俯仰运动,一般采用活塞油(气)缸与连杆机构来实现。手臂俯仰运动用的活塞缸位于手臂的下方,其活塞杆和手臂用铰链连接,缸体采用尾部耳环或中部销轴等方式与立柱连接,如图 2－25 所示。此外,还有采用无杆活塞缸驱动齿条齿轮或四连杆机构实现手臂的俯仰运动的。

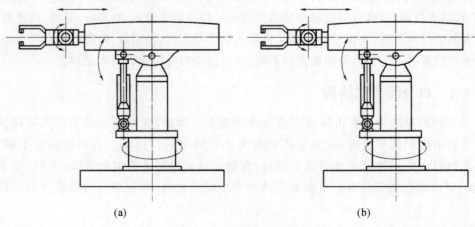

(a)   (b)

图 2-25 回转与俯仰机身

2.4.2 机身设计

机身和手臂工作性能的优劣对机器人的承载能力和运动精度影响很大,设计时应注意以下问题。

1. 刚度

刚度是指机身或手臂在外力作用下抵抗变形的能力,用外力和在外力方向上的变形(位移)之比来度量,变形越小,刚度越大。在有些情况下,刚度比强度更重要。

(1)根据受力情况,合理选择截面形状或轮廓尺寸。机身和手臂既受弯矩,又受扭矩,其截面应选用抗弯和抗扭刚度较大的形状。一般采用具有封闭空心截面的构件,这不仅有利于提高结构刚度,而且可以在空心处安装驱动装置、传动机构和管线等,使整体结构紧凑,外形美观。

(2)提高支承刚度和接触刚度。支承刚度主要取决于支座的结构形状。接触刚度主要取决于配合表面的加工精度和表面粗糙度。

(3)合理布置作用力的位置和方向。尽量使各作用力引起的变形互相抵消。

2. 精度

机器人的工作精度最终表现在手部的位置精度上,影响精度的因素有各部件的刚度、部件的制造和装配精度、定位和连接方式,尤其是导向装置的精度和刚度对机器人的位置精度影响很大。

3. 平稳性

机身和手臂质量大、承载大、速度高,易引起冲击和振动,必要时应配置缓冲装置吸收能量。从减少能量的产生方面应注意如下问题:

(1)运动部件应紧凑、质量轻、转动惯量小,以减小惯性力。

(2)各运动部件重心的分布。

4. 其他

(1)传动系统应尽量简单,以提高传动精度和效率。

（2）各部件布置要合理,操作维护要方便。

（3）特殊情况特殊考虑,如在高温环境中应考虑热辐射的影响,在腐蚀性环境中应考虑防腐蚀问题,在危险环境中应考虑防爆问题。

2.4.3　机身与手臂的配置形式

机身和手臂的配置形式基本上反映了机器人的总体布局。由于机器人的运动要求、工作对象、作业环境和场地等因素不同,出现了各种不同的配置形式。目前常用的配置形式有横梁式、立柱式、机座式、屈伸式等。

1.横梁式

机身设计成横梁式,用于悬挂手臂件,这类机器人的运动形式大多为移动式。它具有占地面积小、能有效利用空间、直观等优点。横梁可设计成固定的或行走的,一般横梁安装在厂房原有建筑的柱梁或有关设备上,也可从地面架设。图 2 - 26 所示为横梁式机身。

图 2 - 26　横梁式机身

2.立柱式

具有立柱式机身的机器人多采用回转型、俯仰型或屈伸型的运动形式,这是一种常见的配置形式。一般手臂都可在水平面内回转,具有占地面积小、工作范围大的特点。立柱可固定、安装在空地上,也可以固定在床身上。立柱式机身结构简单,服务于某种主机,承担上、下料或转运等工作。图 2 - 27 所示为立柱式机身。

图 2 - 27　立柱式机身

3. 机座式

机身设计成机座式,这种机器人可以是独立的、自成系统的完整装置,可以随意安放和搬动。它也可以具有行走机构,如沿地面上的专用轨道移动,以扩大其活动范围。各种运动形式的机身均可设计成机座式的,机座式机身如图2-28所示。

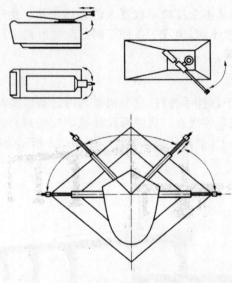

图2-28 机座式机身

4. 屈伸式

具有屈伸式机身的机器人的手臂由大、小臂组成,大、小臂间有相对运动,称为屈伸臂。屈伸臂与机身间的配置形式关系到机器人的运动轨迹,这种方式既可以实现平面运动,又可以实现空间运动,如图2-29所示。

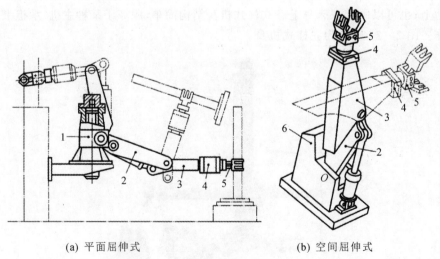

(a) 平面屈伸式 (b) 空间屈伸式

1—立柱;2—大臂;3—小臂;4—腕部;5—手部;6—机身

图2-29 屈伸式机身

2.5 工业机器人的行走机构

行走机构是工业机器人的重要执行部件,它由驱动装置、传动机构、位置检测元件、传感器、电缆及管路等组成。它一方面支承机器人的机身、手臂和手部,另一方面带动机器人按照工作任务的要求进行运动。机器人的行走机构按运动轨迹分为固定轨迹式行走机构和无固定轨迹式行走机构。

2.5.1 固定轨迹式行走机构

固定轨迹式行走机构的工业机器人的机身底座安装在一个可移动的拖板座上,靠丝杠螺母驱动,整个机器人沿丝杠纵向移动。这种工业机器人除采用这种直线驱动方式外,也采用类似起重机梁行走的方式。这种工业机器人主要用在作业区域大的场合,比如大型设备装配,立体化仓库中的材料搬运、堆垛和储运、大面积喷涂等。

2.5.2 无固定轨迹式行走机构

一般而言,无固定轨迹式行走机构主要有轮式行走机构、履带式行走机构和足式行走机构。此外,还有适合于各种特殊场合的步进式行走机构、蠕动式行走机构、混合式行走机构和蛇行式行走机构等。下面主要介绍轮式行走机构、履带式行走机构和足式行走机构。

1. 轮式行走机构

具有轮式行走机构的机器人是机器人中应用最多的一种,主要行走在平坦的地面上。车轮的形状和结构形式取决于地面的性质和机器人的承载能力。在轨道上运行的多采用实心钢轮,在室外路面上运行的多采用充气轮胎,在室内平坦地面上运行的可采用实心轮胎。依据车轮的多少,轮式行走机构分为一轮、二轮、三轮、四轮以及多轮等形式。行走机构在实现上的主要障碍是稳定性问题,实际应用的轮式行走机构多为三轮和四轮。

(1)三轮行走机构。三轮行走机构具有一定的稳定性,代表性的车轮配置方式是一个前轮,两个后轮,如图 2-30 所示。图 2-30(a)所示为两个后轮独立驱动的机构,前轮仅起支承作用,靠后轮转向;图 2-30(b)所示为采用前轮驱动、前轮转向的机构;图 2-30(c)所示为利用两后轮差动减速器减速、前轮转向的方式。

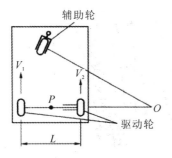

(a) 两个后轮独立驱动机构

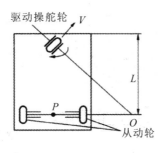

(b) 前轮驱动和转向机构

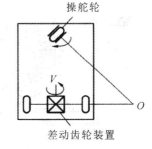

(c) 后轮差动、前轮转向机构

图 2-30 三轮行走机构

（2）四轮行走机构。四轮行走机构的应用最为广泛。四轮行走机构可采用不同的方式实现驱动和转向，如图2-31所示。图2-31(a)所示为后轮分散驱动；图2-31(b)所示为用连杆机构实现四轮同步转向，当前轮转动时，通过四连杆机构使后轮得到相应的偏转。四轮行走机构相比仅有前轮转向的行走机构而言，可实现更灵活的转向和较大的回转半径。

具有四组轮子的轮系，其运动稳定性有很大提高。但是，要保证四组轮子同时和地面接触，必须使用特殊的轮系悬架系统。它需要四个驱动电动机，控制系统比较复杂，造价也较高。

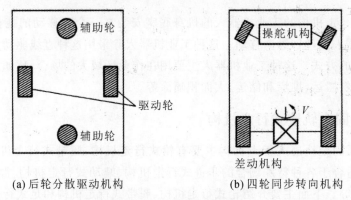

(a) 后轮分散驱动机构　　　　　(b) 四轮同步转向机构

图2-31　四轮行走机构

（3）越障轮式行走机构。普通轮式行走机构对崎岖不平的地面适应性很差，为了提高轮式车辆的地面适应能力，设计了越障轮式行走机构。这种行走机构往往是多轮行走机构。

2.履带式行走机构

履带式行走机构适合在天然路面行走，它是轮式行走机构的拓展，履带的作用是为车轮连续铺路。图2-32所示为双重履带式可转向行走机构机器人。

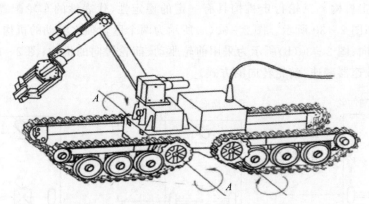

图2-32　双重履带式可转向行走机构机器人

（1）行走机构的构成和形状。

1）履带行走机构的组成。履带行走机构由履带、驱动链轮、支承轮、托带轮和张紧轮组成，如图2-33所示。

1—张紧轮(导向轮)；2—履带；3—托带轮；4—驱动链轮；5—支承轮

图 2-33　履带行走机构

2)履带行走机构的形状。履带行走机构的形状有很多种,主要有一字形、倒梯形等,如图 2-34 所示。一字形履带行走机构的驱动轮及张紧轮兼作支承轮,增大了支承地面面积,改善了稳定性。倒梯形履带行走机构不作支承轮的驱动轮与张紧轮装得高于地面,适合穿越障碍。另外,因为减少了泥土夹入引起的损伤和失效,驱动轮和张紧轮的寿命提高了。

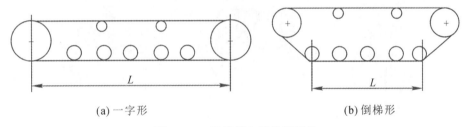

(a)一字形　　　　　　　　　　　　(b)倒梯形

图 2-34　履带行走机构的形状

(2)履带行走机构的特点。

1)履带行走机构的优点。

A. 支承面积大,接地比压小,适合在松软或泥泞场地进行作业,下陷度小,滚动阻力小。

B. 越野机动性好,可以在有一定凹凸的地面上行走,可以跨越障碍物,能爬梯度不大的台阶,爬坡、越沟等性能均优于轮式行走机构。

C. 履带支承面上有履齿,不易打滑,牵引附着性能好,有利于发挥较大的牵引力。

2)履带行走机构的缺点。

A. 由于没有自定位轮和转向机构,只能靠左、右两个履带的速度差实现转弯,所以转向和前进都会产生滑动。

B. 转弯阻力大,不能准确地确定回转半径。

C. 结构复杂,质量大,运动惯性大,减震功能差,零件易损坏。

3.足式行走机构

轮式行走机构只有在平坦、坚硬的地面上行驶才有理想的运动特性。如果地面凸凹曲面曲率半径与车轮径相当或地面很软,那么它的运动阻力将大大增加。履带式行走机构虽然可行走在不平的地面上,但它的适应性不够,行走时晃动太大,在软地面上行驶运动慢。大部分地面不适合传统的轮式或履带式车辆行走,但是,足式动物能在这些地方行动自如,显然足式行走方式与轮式和履带式行走方式相比具有独特的优势。现有的行走式机器人的足数有单足、双足、三足、四足、六足、八足甚至更多。足的数量多,适合于重载和慢速运动。双足和四足具有良好的适应性和灵活性。具有足式行走机构的机器人如图2-35所示。此处简要介绍双足和六足行走式机器人。

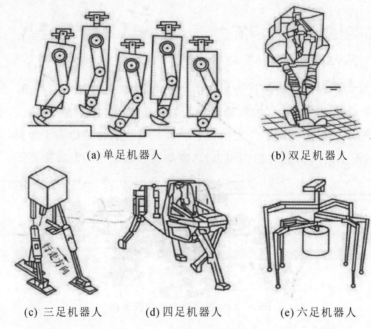

(a) 单足机器人 (b) 双足机器人

(c) 三足机器人   (d) 四足机器人   (e) 六足机器人

图2-35 足式行走机构机器人

(1)双足行走式机器人。双足行走式机器人具有良好的适应性,也被称为类人双足行走机器人。双足行走机构是多自由度的控制系统,是现代控制理论很好的应用对象。这种机构除结构简单外,在保证静、动行走性能,稳定性和高速运动等方面都是最困难的。

图2-36所示为双足行走式机器人行走机构原理图。在行走过程中,行走机构始终满足静力学的静平衡条件,也就是说机器人的重心始终落在接触地面的一只"脚"上。双足行走式机器人典型特征是不仅能在平地上行走,而且能在凹凸不平的地面上行走,能跨越沟壑、上下台阶,具有广泛的适应性。其难点是机器人跨步时自动转移重心而保持平衡的问题。为了能变换方向和上下台阶,一定要具备多自由度。图2-37所示为双足行走式机器人运动副简图。

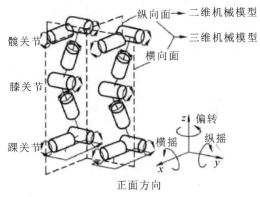

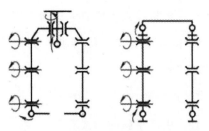

图 2-36　双足行走式机器人行走机构原理图　　　图 2-37　双足行走式机器人运动副简图

（2）六足行走式机器人。六足行走式机器人是模仿六足昆虫行走的机器人，如图 2-38 所示。它每条腿有三个转动关节。行走时，三条腿为一组，足端以相同位移移动，定时间间隔移动，可以实现 xOy 平面内任意方向的行走和原地转动。

图 2-38　六足行走式机器人

习　　题

一、填空题

1.工业机器人的机械部分主要由＿＿＿＿＿＿＿＿、＿＿＿＿＿＿＿＿、＿＿＿＿＿＿三部分组成。

2.机器人的手部不仅是一个＿＿＿＿＿＿＿＿的机构，而且具有＿＿＿＿＿＿＿＿的功能，即通常所说的"触觉"。

3.机器人的手一般由方形的＿＿＿＿＿＿＿＿和节状的＿＿＿＿＿＿＿＿组成。

4.为了使机器人手具有触觉，通常在手掌和手指上都装有带有弹性触点的＿＿＿＿＿＿＿。

5.夹持式取料手分为三种：＿＿＿＿＿＿＿＿、＿＿＿＿＿＿＿＿和弹簧式。

6.夹钳式手部与人手相似,是工业机器人广为应用的一种手部形式。它一般由_____、_____、_____和支架组成。

7.钩拖式手部是利用_____对工件钩、拖、捧等动作来搬运工件。

8.一般机器人手臂有3个自由度,即手臂的_____、_____和升降(或俯仰)。

9.按自由度数目来,手腕可分为_____手腕、_____手腕和_____手腕等三种。

二、选择题

1.自由度手腕的形式有(　　)。

①BBR手腕;②BRR手腕;③RRR手腕;④BBB手腕;⑤BRB手腕;⑥RBR手腕

A.①②③　　　　　B.①②③④　　　　C.②③④　　　　D.①④⑤

2.RRR型手腕是(　　)自由度手腕。

A. 1　　　　　　　B. 2　　　　　　　C. 3　　　　　　D. 4

3.气吸附式取料手要求工件表面(　　)、干燥清洁,同时气密性好。

A.粗糙　　　　　　B.凸凹不平　　　　C.平缓突起　　　D.平整光滑

三、简答题

1.机器人的机械系统是由哪几部分组成的?

2.夹持式取料手由哪些部分组成?各部分的作用是什么?

3.吸附式取料手由哪些部分组成?各部分的作用是什么?

4.机器人的手臂有哪几种分类方式?简述每种分类方式下的类型。

5.常见的机器人的机身有哪几种?

6.机器人的行走机构由哪几部分组成?

7.举例说明无固定轨迹式行走机构有哪几种。

8.履带式行走机构有哪些特点?

第3章　工业机器人的驱动系统

通过第2章的学习,我们了解了工业机器人的机械系统构成。那么机器人为什么能自主运动？它的动力来源是什么？我们知道要想让工业机器人的机械构件产生相对运动,必须有驱动系统给其提供源源不断的能量。工业机器人只有连续不断地工作,替代人们完成繁重的劳动,才能称得上工业机器人。本章主要介绍工业机器人的驱动系统。

知识目标

- 了解工业机器人驱动系统的分类。
- 掌握工业机器人液压气动驱动和伺服驱动的概念。

能力目标

- 能够识别工业机器人的各种驱动元件。
- 能够理解伺服驱动工作原理。

情感目标

- 培养学生对工业机器人驱动系统的兴趣。
- 培养学生关心科技、热爱科学、勇于探索的精神。

工业机器人的驱动系统(见图3-1)是驱使执行机构运动的装置,它将电能或流体能等转换成机械能,按照控制系统发出的指令信号,借助动力元件使工业机器人完成指定的工作任务。它是使工业机器人运动的动力机构,是机器人的心脏。该系统输入的是电信号,输出的是线、角位移量。工业机器人的驱动系统按动力源不同分为液压驱动系统、气动驱动系统和电动驱动系统三大类,也可根据需要由这三种基本类型组合成复合式的驱动系统。工业机器人以高精度和高效率为主要特征在各行各业中广泛使用,其中电动机驱动最为普遍,但对大负载的工业机器人往往使用液压传动,对较为简单的或要求防爆的工业机器人可采用气动驱动。

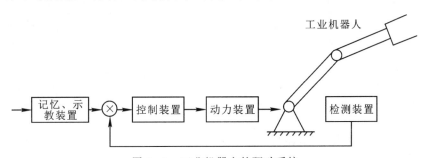

图3-1　工业机器人的驱动系统

3.1 工业机器人驱动系统的类型和组成

3.1.1 工业机器人驱动系统的类型

工业机器人驱动系统按动力源不同可分为气动驱动系统、液压驱动系统和电动驱动系统三大类。

1. 气动驱动系统

气动驱动系统是利用压缩空气驱动工业机器人运动的系统,一般由气缸和控制阀组成。其优点是速度快,结构简单,维修方便,价格低廉,适于中小负荷的工业机器人使用。其缺点是实现伺服控制困难,故多用于程序控制的工业机器人中,如完成上下料、冲压工作的工业机器人等。

2. 液压驱动系统

液压驱动系统利用液压油的压力能驱动工业机器人运动系统,主要包括直线位移或旋转式液压缸、液压伺服系统。液压系统是利用伺服阀改变油液通路的液流截面,与控制信号成比例地调节流速的一种方式。液压驱动的特点是动力大,力或力矩惯量比大,响应快速,易于实现直接驱动等,故适于在承载能力大、惯量大、防爆环境条件下使用。但由于要进行电能转换为液压能的能量转换,速度控制多采用节流调速,效率比电动驱动要低,液压系统液体泄漏会对环境造成污染,工作噪声较高,因此适用于中低负载的工业机器人。

3. 电动驱动系统

电动驱动系统有步进电动机驱动、直流伺服电动机驱动和交流伺服电动机驱动等三种方式。近十年来,低惯量、大转矩交直流伺服电动机及其配套的伺服驱动器广泛用于各类工业机器人中。其特点是:无需能量转换,使用方便,噪声较低,控制灵活。大多数电动机后面需装精密的传动机构,直流有刷电动机不能用于要求防爆的环境中。近几年又开发了直接驱动电动机,它能使机器人快速、高精度定位,已广泛用于装配机器人中。

上述三种驱动系统的优、缺点见表 3 - 1。

表 3 - 1　工业机器人三种驱动系统的比较分析

驱动系统	优点	缺点	应用领域
气动	响应快速,结构简单,易于标准化,安装要求不太高,成本低	高于 10 个大气压有爆炸的危险	多用于点位控制的搬运机器人中
液压	响应快速,结构易于标准化,节流效率较高,负载能力大	液压密封易出现问题,在一定条件下有火灾危险	常用于喷涂工业机器人和大负载工业机器人中
电动	结构简单,控制灵活,精度高	直流有刷电动机防爆性能较差	应用于各类精度较高的弧焊、装配工业机器人中

3.1.2 工业机器人驱动系统的组成

工业机器人的驱动系统包括动力装置和传动机构两大部分,动力装置是为工业机器人执行机构提供执行任务的动力来源,传动机构是把动力装置的动力传递给执行机构的中间设备。

1. 工业机器人的动力装置

(1)气动驱动系统的动力装置。气动动力系统的动力装置如图 3-2 所示,其具体组成如下:

1)气源。气动动力系统可直接使用压缩空气站的气源或自行设置气源,使用的气体压力约为 0.5~0.7MPa,流量为 200~500L/h。

2)控制调节元件。控制调节元件包括气动阀(常用的有电磁换向阀、节流阀、减压阀)、快速排气阀、调压器等。

3)辅助元件与装置。辅助元件与装置包括分水滤气器、油雾器、储气罐、压力表及管路等。通常把空气过滤器、油雾器和减压阀做成组装式结构,称为气动三联件。

4)动力机构。工业机器人中用的是直线气缸和摆动气缸。直线气缸分单作用式和双作用式两种,多数用双作用式,如手爪机构。摆动气缸主要用于工业机器人的回转关节,如腕关节。

5)制动器。由于气缸中活塞的速度较高,因此要求工业机器人准确定位时,需采用制动器。制动方式有反压制动,常用的制动器有气动节流装置、液压阻尼或弹簧式阻尼机构。

6)限位器。限位器包括限位开关、限位挡块式锁紧机构等。

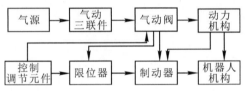

图 3-2 气动驱动系统的动力装置

(2)液压驱动系统的动力装置。

液压动力系统的动力装置具体组成如下:

1)油源。通常把由油箱、滤油器和压力表等构成的单元称为油源。通过电动机带动液压泵,把油箱中的低压油变为高压油,供给液压执行机构。工业机器人液压系统的油液工作压力一般为 7~14MPa。

2)执行机构。液压系统的执行机构分为直线液压缸和回转液压缸。回转液压缸又称液压马达,其转角为 360°或以上,转角小于 360°的称为摆动液压缸。工业机器人运动部件的直线运动和回转运动,绝大多数都直接由直线液压缸和回转液压缸驱动产生,称为直接驱动方式;有时由于结构安排的需要,也可以用直线液压缸或回转液压缸经转换机构而产生回转或直线运动,称为间接驱动方式。

3)控制调节元件。控制调节元件包括:控制整个液压系统压力的溢流阀,控制油液流向的电磁阀、单向阀,调节油液流量(速度)的单向节流阀、单向行程节流阀等。

液压驱动系统中应用较多的动力装置是伺服控制驱动型的。电液伺服驱动系统由电液伺服阀、液压缸及反馈部分构成,如图 3-3 所示。电液伺服驱动系统的作用是通过电气元件与液压元件组合在一起的电液伺服阀,把输入的微弱电控信号经电气机械转换器变换为力矩,经放大后驱动液压阀,进而达到控制液压缸的高压液流的流量和压力的目的。

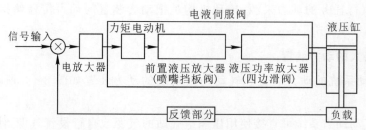

图 3-3　工业机器人电液伺服驱动系统

4)辅助元件。辅助元件包括蓄能器、管路、管接头等。

（3）电动驱动系统的动力装置。图 3-4 所示为电动动力系统的动力装置,主要组成部分有位置比较器、速度比较器、信号和功率放大器、驱动电动机、减速器以及构成闭环伺服驱动系统不可缺少的位置和速度检测元件。采用步进电动机的驱动系统没有反馈环节,故其构成的是开环系统。

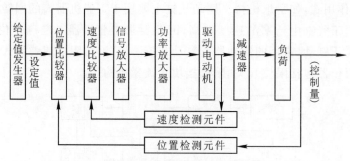

图 3-4　电动驱动系统的动力装置

工业机器人常用的驱动电动机有直流伺服电动机、交流伺服电动机和步进电动机。直流伺服电动机的控制电路较简单,价格较低廉,但电动机电刷有磨损,需定时调整及更换,既麻烦又影响性能,电刷还能产生火花,易引爆可燃物质,有时不够安全。交流伺服电动机结构较简单,无电刷,运行安全可靠,但控制电路较复杂,价格较高。步进电动机是以电脉冲使其转子产生转角,控制电路较简单,也不需要检测反馈环节,因此价格较低廉,但步进电动机的功率不大,不适用于大负荷的工业机器人。

机器人的直流伺服电动机、步进电动机多数应用脉冲宽度调制(Pulse Width Modulation, PWM)伺服驱动器来控制机器人的动作,它的调速范围宽,低速性能好,响应快,效率高。直流伺服电动机的 PWM 伺服驱动器的电源电压固定不变,用大功率晶体管作为具有固定开关频率的开关元件,通过改变脉冲宽度来改变施加在电动机电枢端的电压值,以实现改变电动机转速的目的。

现在介绍交流伺服电动机的交流 PWM 变频调速。伺服驱动器中的速度调节器将给定速度信号与电动机的速度反馈信号进行比较,产生的给定电流信号同电动机的转子位置信号共同控制电流函数发生器,产生相电流给定值,经过电流调节器后送至大功率晶体管基极驱动电路,驱动晶体管产生相电流,以控制交流伺服电动机的转速。

2. 工业机器人的传动机构

工业机器人的传动机构用来把动力装置的动力传递到关节和动作部位。工业机器人的传动系统要求结构紧凑、质量轻、转动惯量和体积小、传动间隙小、运动和位置精度高。工业机器人传动装置除采用常见的蜗杆传动、带传动、链传动和行星轮传动等传动作为传动装置外,还用滚珠丝杠传动、谐波传动、钢带传动、同步带传动、绳轮传动、流体传动、连杆传动及凸轮传动等作为传动装置。

(1)丝杠传动机构。丝杠传动机构有滑动式、滚珠式和静压式等三种形式。工业机器人传动用的丝杠具备结构紧凑、间隙小和传动效率高等特点。滑动式丝杠螺母机构是连续的面接触,传动中不会产生冲击,传动平稳,无噪声,能自锁。因为丝杠的螺旋升角较小,所以用较小的驱动转矩可获得较大的牵引力。但是丝杠螺母螺旋面之间的摩擦为滑动摩擦,故传动效率低。滚珠丝杠机构不仅传动效率高,而且传动精度和定位精度也很高,传动时灵敏度和平稳性也很好。由于磨损小,滚珠丝杠机构的使用寿命比较长,但成本较高。

图 3-5 所示为工业机器人采用丝杠螺母传动的手臂升降机构。由电动机 2 带动蜗杆 1 使蜗轮 5 回转,依靠蜗轮内孔的螺纹带动丝杠 4 做升降运动。为了防止丝杠转动,在丝杠上端铣有花键,与固定在箱体 6 上的花键套 7 组成导向装置。

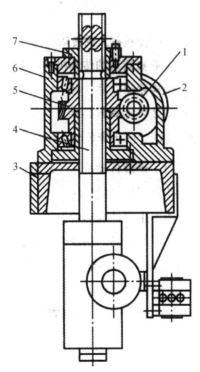

1—蜗杆;2—电动机;3—臂架;4—丝杠;5—蜗轮;6—箱体;7—花键套

图 3-5　工业机器人采用丝杠螺母传动的手臂升降机构

(2)谐波传动机构。谐波传动在运动学上是一种具有柔性齿圈的行星传动,它在工业机器人上获得了广泛的应用。谐波发生器通常由凸轮或偏心安装的轴承构成。

刚轮为刚性齿轮,柔轮为能产生弹性变形的齿轮。当谐波发生器连续旋转时,产生的机械力使柔轮变形,变形曲线为一条基本对称的谐波曲线。发生器波数表示谐波发生器转一周时,柔轮某一点变形的循环次数。图 3-6 所示为谐波传动机构的结构图。由于谐波发生器 4 的转动使柔轮 5 上的柔轮齿圈 2 与刚轮(圆形花键轮)6 上的刚轮内齿圈 3 相啮合。1 为输入轴,如果刚轮 6 固定,则轴 7 为输出轴;如果轴 7 固定,则刚轮 6 的轴为输出轴。

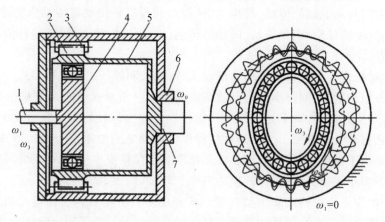

1—输入轴；2—柔轮齿圈；3—刚轮内齿圈；4—谐波发生器；5—柔轮；6—刚轮；7—轴

图 3-6　谐波传动机构的结构

(3)带传动和链传动机构。带传动和链传动机构用于传递平行轴之间的回转运动,或把回转运动转换成直线运动。工业机器人中的带传动和链传动分别通过带轮或链轮传递回转运动,有时还用来驱动平行轴之间的小齿轮。

1)链传动。链传动属于比较完善的传动机构,由于噪声小、效率高,因此得到了广泛的应用。但是,高速运动时滚子与链轮之间的碰撞会产生较大的噪声和振动,只有在低速下才能得到满意的传动效果,即链传动适合低惯性负载的关节传动。链轮齿数少,摩擦力会增加,要得到平稳运动,链轮的齿数应大于 17,并尽量采用奇数齿。

2)同步带传动。同步带的传动面上有与带轮啮合的梯形齿。同步带传动时无滑动,初始张力小,被动轴的轴承不易过载。因无滑动,它除了用作动力传动外,还适用于定位。同步带传动属于低惯性传动,适合在电动机和速比较高的减速器之间使用。

(4)绳传动。绳传动广泛应用于机器人的手爪开合传动,特别适合有限行程的运动传递。绳传动的主要优点是钢丝绳强度大,各方向上的柔软性好,尺寸小,预载后有可能消除传动间隙。绳传动的主要缺点是:不加预载时存在传动间隙;因为绳索的蠕变和索夹的松弛,传动不稳定;多层缠绕后,在内层绳索及支承中损耗能量,效率低,易积尘垢。

(5)钢带传动。钢带传动的优点是传动比精确,传动件质量小,惯量小,传动参数稳定,柔性好,不需要润滑,强度高。钢带末端紧固在驱动轮和被驱动轮上,因此,摩擦力不是传动的重要因素。钢带传动适合有限行程的传动。钢带传动已成功应用在爱德普(adept)机器人上,其以 1∶1 速比的直接驱动在立轴和小臂关节轴之间进行远距离传动,如图 3-7 所示。

(6)杆、连杆与凸轮传动。重复完成简单动作的搬运机器人广泛采用杆、连杆与凸轮机构,例如从某位置抓取物体放在另一

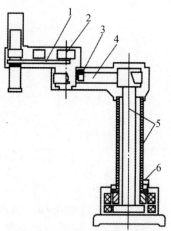

1—传动带；2—电动机；
3、6—编码器；4—钢带传动；
5—驱动轴

图 3-7　采用钢带传动的
爱德普(adept)机器人

位置上的作业。连杆机构的特点是用简单的机构就可得到较大的位移,如图 3-8 所示。而凸轮机构具有设计灵活、可靠性高和形式多样等特点。外凸轮机构是最常见的凸轮机构,它借助弹簧可得到较好的高速性能;内凸轮驱动时要求有一定的间隙,其高速性能不如外凸轮机构;圆柱凸轮用于驱动摆杆,在与凸轮回转方向平行的面内摆动,如图 3-9 所示。

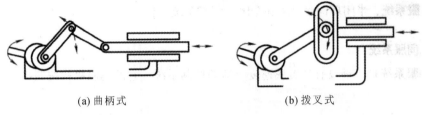

(a) 曲柄式　　　　　　　　　　　(b) 拨叉式

图 3-8　工业机器人连杆机构

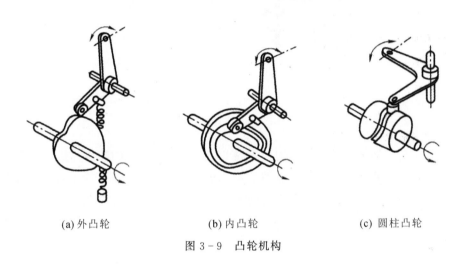

(a) 外凸轮　　　　　　(b) 内凸轮　　　　　　(c) 圆柱凸轮

图 3-9　凸轮机构

3.2　液压、气动驱动系统

3.2.1　液压驱动系统

液压驱动系统利用液压泵将原动机的机械能转换为液体的压力能,通过液体压力能的变化来传递能量,经过各种控制阀和管路的传递,借助于液压执行元件(液压缸或液压马达)把液体压力能转换为机械能,从而驱动工作机构,实现直线往复运动或回转运动。其中的液体称为工作介质,一般为矿物油,它的作用和机械传动中的传送带、链条和齿轮等传动元件类似。

1. 液压系统概述

液压系统的主要作用是:通过增加系统压强的方式来增大系统的作用力。液压驱动方式的输出力和功率较大,能构成伺服机构,常用于大负载工业机器人关节的驱动。

(1)液压系统的工作原理。液压系统的工作原理如图 3-10 所示。电动机驱动液压泵 2 从油箱 1 中吸油输送至管路中,经过换向阀 4 改变液压油的流动方向,再经过节流阀 6 调整液压油的流量(流量大小由工作液压缸的需要量决定)。图 3-10(a)所示的换向阀位置是液压油经换向进入液压缸 5 左侧空腔,推动活塞右移;液压缸活塞右侧腔内液压油经过换向阀已经开通的回油管,流回油箱。

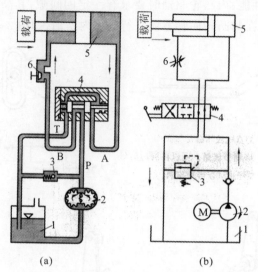

1—油箱；2—液压泵；3—溢流阀；4—换向阀；5—液压缸；6—节流阀

图 3-10　液压系统的工作原理

若操作换向阀手柄至图 3-10(b)所示位置时,则有一定压力的液压油进入液压缸活塞右腔。液压缸左腔中的液压油经换向阀流回油箱。操作手柄的进出动作变换液压油输入液压缸的方向,推动活塞左、右移动。液压泵输出的油压按液压缸活塞工作能量的需要由溢流阀 3 调整控制。在溢流阀调压控制时,多余的液压油经溢流阀流回油箱。输油管路中的液压油压力在额定压力下安全流动,正常工作。

(2)液压系统的组成。由图 3-10 的液压驱动系统中可知,一个完整的液压系统由五个部分组成,即动力元件、控制元件、执行元件、辅助元件(附件)和工作介质。

动力元件包括电动机和液压泵,它的作用是利用液体把原动机的机械能转换成液体的压力能,是液压传动中的动力部分。执行元件包括液压缸、液压马达等,它是将液体的压力能转换成机械能。其中,液压缸做直线运动,马达做回转运动。控制元件包括节流阀、换向阀、溢流阀等,它们的作用是对液压系统中工作液体的压力、流量和流向进行调节、控制。辅助元件是指除上述三部分以外的其他元件,包括压力表、过滤器、蓄能装置、冷却器、管件、各种管接头(扩口式、焊接式、卡套式)、高压球阀、快换接头、软管总成、测压接头、管夹及油箱等。工作介质是指液压传动中的液压油或乳化液。它经过液压泵和液压缸实现能量转换。

采用液压缸作为液压传动系统的执行元件,能够省去中间的减速器,从而消除齿隙和磨损问题,加上液压缸的结构简单,价格便宜,因而在工业机器人的往复运动装置和旋转运动装置上都得到了广泛应用。

2. 液压系统的主要设备

(1)液压缸。液压缸是液体压力能转变为机械能的、做直线往复运动(或摆动运动)的液压执行元件。它结构简单、工作可靠。用它来实现往复运动时,可免去减速装置,并且没有传动间隙,运动平稳,因此在各类液压系统中得到了广泛应用。

用电磁阀控制的直线液压缸是最简单也是最便宜的开环液压驱动装置。在直线液压缸的操作中,通过受控节流口调节流量,可以在到达运动终点时实现减速,使停止过程得到控制。

无论是直线液压缸还是旋转液压马达,它们的工作原理都基于高压油对活塞或叶片的作用。液压油经控制阀被送到液压缸的一端,在开环系统中,阀由电磁铁控制;在闭环系统中,阀则用电液伺服阀来控制,如图 3-11 所示。

(2)液压马达。液压马达又称为旋转液压马达,是液压系统的旋转式执行元件,如图 3-12 所示。壳体由铝合金制成,转子是碳素钢制成的。密封圈和防尘圈分别用来防止油的外泄和

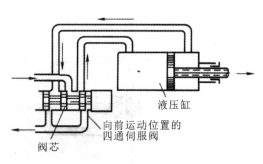

图 3-11　直线液压缸

保护轴承。在电液阀的控制下,液压油经进油口进入,并作用于固定在转子的叶片上,使转子转动。隔板用来防止液压油短路。通过一对由消隙齿轮带动的电位器和一个解算器给出转子的位置信息。电位器给出粗略值,而精确位置由解算器测定。当然,整体的精度不会超过驱动电位器和解算器的齿轮系精度。

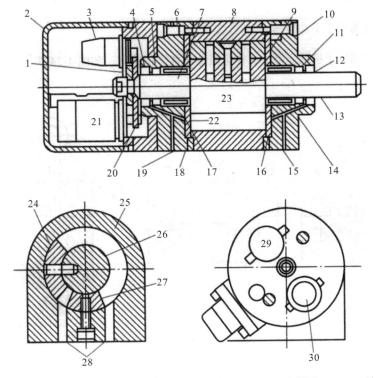

1,20—齿轮;2—防尘罩;3,30—电位器;4—防尘器;5,11—密封圈;6,10—端盖;
7,13—输出轴;8,25—壳体;9,22—钢盘;12—防尘圈;14,17—滚针轴承;15,19—泄油孔;
16,18—O形密封圈;21~29—解算器;23,26—转子;24—转动叶片;27—固定叶片;28—进出油孔

图 3-12　液压马达

(3)液压阀。

1)单向阀。单向阀只允许油液向某一方向流动,而反向截止。这种阀也称为止回阀,如图3-13所示。对单向阀的主要性能要求是:油液通过时压力损失要小,反向截止时密封性要好。液压油从 P_1 进入,克服弹簧力推动阀芯,使油路接通,液压油从 P_2 流出。当液压油从反向进入时,油液压力和弹簧力将阀芯压紧在阀座上,油液不能通过。

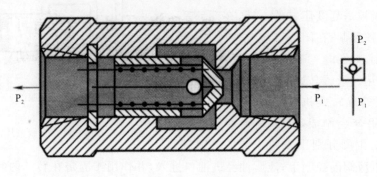

图3-13 单向阀

2)换向阀。

A. 滑阀式换向阀是靠阀芯在阀体内做轴向运动,而使相应的油路接通或断开的换向阀。其换向原理如图3-14所示。当阀芯处于图3-14(a)所示位置时,A与B连通,B与T连通,活塞向左运动;当阀芯向右移动处于图3-14(b)所示位置时,P与B连通,A与T连通,活塞向右运动。

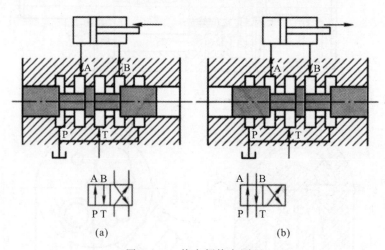

(a)   (b)

图3-14 换向阀换向原理

B. 手动换向阀用于手动换向。

C. 机动换向阀用于机械运动中,作为限位装置限位换向,如图3-15所示。

D. 电磁换向阀用于电气装置或控制装置发出换向命令时,改变流体方向,从而改变机械运动状态,如图3-16所示。

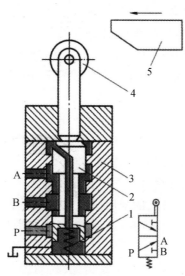

1—弹簧；2—阀芯；3—阀体；　4—滚轮；5—行程挡块

图 3 - 15　机动换向阀

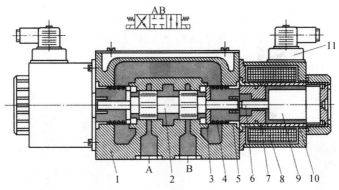

1—阀体；2—阀芯；3—定位器；4—弹簧；5—挡块；6—推杆；7—隔磁环；8—线圈；9—衔铁；10—导套；11—插头

图 3 - 16　三位四通电磁换向阀

3.2.2　气动驱动系统

气动技术是以压缩机为动力源，以压缩空气为工作介质，进行能量传递和信号传递的一门工程技术，是实现各种生产控制、自动控制的重要手段之一。由于空气有可压缩性，所以气缸的动作速度易受负载影响，工作压力较低（一般为 0.4～0.8MPa），因此气动系统输出力较小，工作介质空气本身没有润滑性，需加油装置进行给油润滑。

1. 气动系统概述

(1)气动系统的工作原理。气动系统利用空压机把电动机或其他原动机输出的机械能转换为空气的压力能，然后在控制元件的作用下，通过执行元件把压力能转换为直线运动或回转运动形式的机械能，从而完成各种动作，并对外做功。从空压机输出的压缩空气中含有大量的水分、油分和粉尘等级污染物，质量不良的压缩空气是气动系统出现故障的最主要因素，它会使气动系统的可靠性和使用寿命大大降低。因此,压缩空气进入气动系统前应进行二次过滤,以滤除压缩空气中的水分、油滴以及杂质,达到气动系统所需要的净化程度。

为确保系统压力的稳定性,减小因气源气压突变对阀门或执行器等硬件的损伤,进行空气过滤后,应调节或控制气压的变化,并保持降压后的压力值固定在需要的值上。常用方法是使用减压阀对系统进行减压。

气动系统的机体运动部件需进行润滑以减少磨损。对不方便加润滑油的部件进行润滑,可以采用油雾器,它是气压系统中一种特殊的注油装置,其作用是把润滑油雾化后,经压缩空气携带进入系统各润滑部位,满足润滑的需要。

工业上的气动系统常常使用组合的气动三联件作为气源处理装置。气动三联件是指空气过滤器、减压阀和油雾器。各元件之间采用模块式组合的方式连接,如图3-17所示。这种方式安装简单,密封性好,易于实现标准化、系列化,可缩小外形尺寸,节省空间和配管,便于维修和集中管理。

(2)气动系统的组成。气动系统由气源装置、气动控制元件、气动执行元件和辅助元件组成。

1)气源装置是将原动机输出的机械能转变为空气的压力能的装置。其主要设备是空气压缩机。

2)控制元件用来控制压缩空气的压力、流量和流动方向,以保证执行元件具有一定的输出力和速度,并按设计的程序正常工作,常见的控制元件包括压力阀、流量阀、方向阀和逻辑阀等。

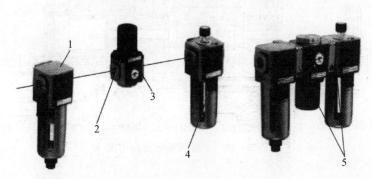

1—空气过滤器;2—减压阀;3—压力表;4—油雾器; 5—连接隔板

图3-17 模块式组合连接

3)执行元件是将空气的压力能转变为机械能的能量转换装置,如气缸和气马达。

4)辅助元件是用于辅助保证空气系统正常工作的一些装置,如干燥器、空气过滤器、消声器和油雾器等。

2.气动系统的主要设备

(1)气源装置。气源装置中,空气压缩机用以产生压缩空气,一般由电动机带动。其吸气口装有空气过滤器,以减少进入空气压缩机的杂质的量。后冷却器用于冷却压缩空气,使净化的水凝结出来。油水分离器用于分离并排出降温冷却的水滴、油滴、杂质等。储气罐用于储存压缩空气,稳定压缩空气的压力并除去部分油分和水分。干燥器用于进一步吸收或排除压缩空气中的水分和油分,使之成为干燥空气。

(2)气动执行元件。

1)气缸。在气缸运动的两个方向上,根据受气压控制的方向个数的不同,气缸可分为单作用气缸和双作用气缸。单作用气缸如图 3-18 所示,在缸盖一端气口输入压缩空气,使活塞杆伸出(或缩回),而在另一端靠弹簧力、自重或其他外力等使活塞杆恢复到初始位置。单作用气缸只在动作方向需要压缩空气,故可节约一半压缩空气。其主要用在夹紧、退料、阻挡、压入、举起和进给等操作上。根据复位弹簧位置可将单作用气缸分为预缩型气缸和预伸型气缸。当弹簧装在有杆腔内时,由弹簧的作用力使气缸活塞杆初始位置处于缩回位置,这种气缸称为预缩型单作用气缸;当弹簧装在无杆腔内时,气缸活塞杆初始位置为伸出位置,我们称之为预伸型气缸。

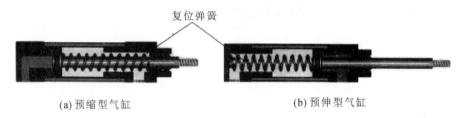

(a) 预缩型气缸　　　　　　　　　　　(b) 预伸型气缸

图 3-18　单作用气缸

双作用气缸如图 3-19 所示,它是应用最为广泛的气缸。其动作原理是:从无杆腔端的气口输入压缩空气时,若气压作用在活塞左端面上的力克服了运动摩擦力、负载等各种作用力,则当活塞前进时,有杆腔内的空气经气口排出,使活塞杆伸出。同样,当有杆腔端气口输入压缩空气时,活塞杆缩回至初始位置。通过无杆腔和有杆腔交替进气和排气,活塞杆伸出和缩回,气缸实现往复直线运动。双作用气缸具有结构简单、输出力稳定、行程可根据需要选择的优点,但由于是利用压缩空气交替作用于活塞上实现伸缩运动的,回缩时压缩空气的有效作用面积较小,所以产生的力要小于伸出时产生的推力。

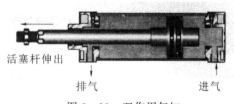

活塞杆伸出

排气　　　进气

图 3-19　双作用气缸

2)气动马达。气动马达是一种做连续旋转运动的气动执行元件,是以压缩空气为工作介质的原动机。它是利用压缩气体的膨胀作用,把压力能转换为机械能的动力装置。气动马达的工作适应性较强,可用于无级调速、启动频繁、经常换向、高温潮湿、易燃易爆、负载启动、不便人工操纵及有过载可能的场合。气动马达按结构形式不同分为叶片式气动马达、活塞式气动马达和齿轮式气动马达。

图 3-20 所示为双向旋转的叶片式气动马达的工作原理。压缩空气由 A 孔输入,小部分经定子两端的密封盖的槽进入叶片底部(图中未表示),将叶片推出,使叶片贴紧在定子

内壁上,大部分压缩空气进入相应的密封空间而作用在两个叶片上。由于两叶片伸出长度不等,因此产生了转矩差,使叶片与转子按逆时针方向旋转,做功后的气体由定子上的 B 孔排出。若改变压缩空气的输入方向(即压缩空气由 B 孔进人,从 A 孔排出),则可改变转子的转向。

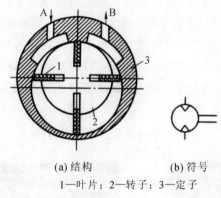

(a) 结构　　　　　　　(b) 符号

1—叶片；2—转子；3—定子

图 3-20　双向旋转叶片式气动马达的工作原理

(3)气动控制元件。

1)压力控制阀。压力控制阀分为减压阀(调压阀)、顺序阀、安全阀等。减压阀是气动系统中的压力调节元件。气动系统的压缩空气一般是由压缩机将空气压缩,储存在储气罐内,然后经管路输送给气动装置使用,储气罐的压力一般比设备实际需要的压力高,并且压力波动也较大,在一般情况下,需采用减压阀来得到压力较低并且稳定的压缩空气。

图 3-21 所示为直动式减压阀结构图。当阀处于工作状态时,调节手柄 1、调压弹簧 2、3及膜片 5,通过阀杆 6 使阀芯 8 下移,进气阀口被打开,有压气流从左端输入,经阀口节流减压后从右端输出。输出气流的一部分由阻尼管 7 进入膜片气室,在膜片 5 的下方产生一个向上的推力,这个推力总是企图把阀口开度关小,使其输出压力下降,在作用于膜片上的推力与弹簧力相平衡后,减压阀的输出压力便保持一定。当输入压力发生波动时,如输入压力瞬时升高,输出压力也随之升高,作用于膜片 5 上的气体推力也随之增大,破坏了原来力的平衡,使膜片 5 向上移动,有少量气体经溢流口 4、排气孔 11 排出。在膜片上移的同时,因复位弹簧 10的作用,输出压力下降,直到新的平衡为止。重新平衡后的输出压力又基本上恢复至原值。反之,输出压力瞬时下降,膜片下移,进气口开度增大,节流作用减小,输出压力又基本上回升至原值。

顺序阀又称压力联锁阀,它是一种依靠回路中的压力变化来实现各种顺序动作的压力控制阀,常用来控制气缸的顺序动作。若将顺序阀和单向阀组装成一体,则称为单向顺序阀。顺序阀常用于气动装置中不便于安装机控阀发送行程信号的场合。图 3-22 是顺序阀的工作原理图,靠调压弹簧的预压缩量来控制其开启压力的大小。在图 3-22(a)中,压缩空气从 P 口进入阀后,作用在阀芯下面的环形活塞面积上,与调压弹簧的力相平衡。一旦空气压力超过调定的压力值即将阀芯顶起,气压立即作用于阀芯的全面积上,使阀达到全开状态,压缩空气便从 A 口输出,如图 3-22(b)所示,当 P 口的压力低于调定压力时,阀再次关闭。

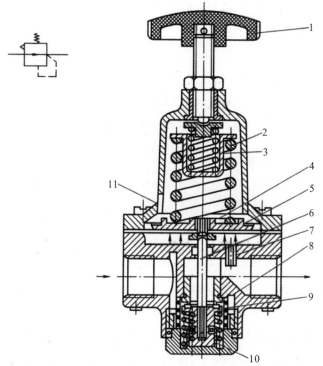

1—手柄；2，3—调压弹簧；4—溢流口；5—膜片；6—阀杆；
7—阻尼管；8—阀芯；9—阀座；10—复位弹簧；11—排气孔

图 3-21　直动式减压阀结构图

2）流量控制阀。流量控制阀是通过改变阀的通流面积来实现流量控制的元件。流量控制阀包括节流阀、单向节流阀和排气节流阀等。

节流阀原理很简单。图 3-23 所示为节流阀的工作原理，压缩空气由 P 口进入，经过节流后，由 A 口流出。旋转阀芯螺杆，就可以改变节流口的开度，进而调节压缩空气的流量。节流口的形式有多种，常用的有针阀型、三角沟槽型和圆柱削边型等。

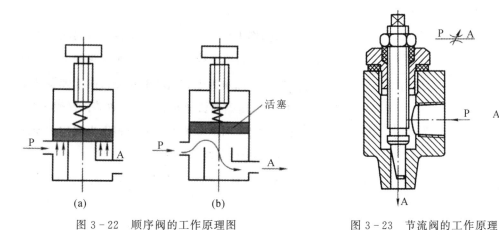

图 3-22　顺序阀的工作原理图　　　　图 3-23　节流阀的工作原理

单向节流阀是由单向阀和节流阀组合而成的流量控制阀，因常用作气缸的速度控制，故又称作速度控制阀。单向阀的功能是靠单向密封圈来实现的。图 3-24 所示为单向节流阀剖面图。当空气从气缸排气口排出时，单向密封圈处于封堵状态，单向阀关闭，这时只能通过调节手轮，使节流阀杆上下移动，改变气流开度，从而达到节流作用。反之，在进气时，单向密封圈被气流冲开，单向阀开启，压缩空气直接进入气缸进气口，节流阀不起作用。

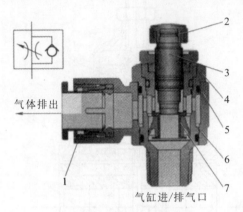

1—快速接头；2—手轮；3—节流阀杆；4，6—阀体；5—O形密封圈；7—单向密封圈

图 3-24　单向节流阀剖面图

排气节流阀安装在系统的排气口处，限制气流的流量，一般情况下还具有减小排气噪声的作用，所以我们常称之为排气消声节流阀。图 3-25 所示为排气节流阀的工作原理图。其工作原理和节流阀类似，靠调节节流口 1 处的通流面积来调节排气流量，由消声套 2 来减小排气噪声。

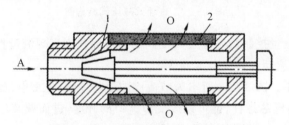

1—节流口；2—消声套

图 3-25　排气节流阀工作原理图

3）方向控制阀。方向控制阀（简称"换向阀"）通过改变气流通道而使气体流动方向发生变化，从而达到改变气动执行元件运动方向的目的。工业机器人中常用电磁控制换向阀。

由一个电磁铁的衔铁推动换向阀芯移位的阀称为单电控换向阀。单电控换向阀有单电控直动换向阀和单电控先导换向阀两种。图 3-26(a) 所示为单电控直动式电磁换向阀的工作原理，靠电磁铁和弹簧的相互作用使阀芯换位，实现换向。图 3-26(a) 所示为电磁铁断电状态，由于弹簧的作用导通 A、T 口通道，封闭 P 口通道；电磁铁通电时，压缩弹簧导通 P、A 口通道，封闭 T 口通道。图 3-26(b) 所示为单电控先导换向阀的工作原理。它是用单电控直动换向阀作为气控主换向阀的先导阀来工作的。图 3-26(b) 所示为断电状态，气控主换向阀在弹簧力的作用下，封闭 P 口，导通 A、T 口通道；当先导阀带电时，电磁力推动先导阀芯下移，控制压力 P_1 推动主阀芯右移，导通 P、A 口通道，封闭 T 口通道。类似于电液换向阀，电控先导换向阀适用于较大通径的场合。

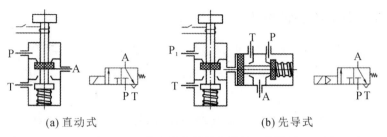

(a) 直动式　　　　　　　　　　　(b) 先导式

图 3-26　单电控电磁换向阀的工作原理

两个磁铁的衔铁推动换向阀芯移位的阀称为双电控换向阀。双电控换向阀有双电控直动换向阀和双电控先导换向阀两种。图 3-27(a) 所示为双电控直动二位五通换向阀的工作原理,图示为左侧电磁铁通电的工作状态。其工作原理显而易见,此处不再赘述。注意:这里的两个电磁铁不能同时通电。这种换向阀具有记忆功能,即当左侧的电磁铁通电后,换向阀芯处在右端位置,在左侧电磁铁断电而右侧电磁铁没有通电前,阀芯仍然保持在右端位置。图 3-27(b) 所示为双电控先导换向阀的工作原理,图示为左侧先导阀电磁铁通电状态。其工作原理与单电控先导换向阀类似,此处不再赘述。

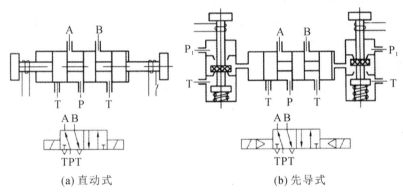

(a) 直动式　　　　　　　　　　　(b) 先导式

图 3-27　双电控电磁换向阀工作原理

3.3　交流伺服系统

伺服系统的发展经历了从液压、气动到电气的过程,而电气伺服系统包括伺服电动机、反馈装置和控制器。20 世纪 60 年代以前直流伺服系统为主体,70 年代以后交流伺服系统的性价比不断提高,逐渐取代直流伺服系统成为伺服系统的主流。采用交流伺服电动机作为执行元件的伺服系统称为交流伺服系统。在交流伺服系统中,电动机的类型有永磁同步交流伺服电动机和感应异步交流伺服电动机。采用永磁同步交流伺服电动机的伺服系统多用于机床进给传动控制、工业机器人关节传动控制以及其他需要运动和位置控制的场合。因为永磁同步交流伺服电动机具备十分优良的低速性能,可以实现弱磁高速控制,调速范围广,动态特性和效率都很高,所以已经成为伺服系统的主流。而异步伺服电动机虽然结构坚固、制造简单、价格低廉,但是在特性和效率上与永磁同步交流伺服电动机存在明显差距,只在大功率场合得到重视,多用于机床主轴转速和其他调速系统中。

3.3.1　交流伺服系统的分类

交流伺服系统具有很多分类方式,但大多数情况下按照系统是否闭环来分类,交流伺服系统分为开环伺服系统、半闭环伺服系统和全闭环伺服系统三种。

1. 开环伺服系统

开环伺服系统是一种没有位置或速度反馈的控制系统,它的伺服机构按照指令装置发来的移动指令,驱动机械做相应的运动。系统的输出位移与输入指令脉冲个数成正比,所以在控制整个系统时,只要精确地控制输入脉冲的个数,就可以准确地控制系统的输出,但是这种系统精度比较低,运行不是很平稳。

2. 半闭环伺服系统

半闭环伺服系统属于闭环系统,具有反馈环节,所以在原理上它具有闭环系统的一切特性和功能。它的检测元件与伺服电动机同轴相连,通过直接测出电动机轴旋转的角位移或角速度可推知执行机械的实际位移或速度。它对实际位置移动或运行速度采用的是间接测量的方法,所以半闭环伺服系统存在测量转换误差,而且环外的节距误差和间隙误差也没有得到补偿。但是半闭环伺服系统在它的闭环中非线性因素少,容易整定,并且半闭环结构的执行机械与电气自动控制部分相对独立,系统的通用性增强,因此这种结构是当前国内外伺服系统中最普遍采用的方案。

3. 全闭环伺服系统

全闭环伺服系统是一种真正的闭环伺服系统。全闭环伺服系统在结构上与半闭环伺服系统是一样的,只是它的检测元件直接安装在系统的最终运动部件上,系统反馈的信号是整个系统真正的最终输出。

3.3.2　交流伺服电动机的类型

1. 感应异步交流伺服电动机

感应异步交流伺服电动机的结构分为两大部分,即定子部分和转子部分。在定子铁心中安放着空间成 90° 的两相定子绕组:其中一相为励磁绕组,始终通以交流电压;另一相为控制绕组,输入同频率的控制电压,改变控制电压的幅值或相位可实现调速。转子的结构通常为笼型。

2. 永磁同步交流伺服电动机

永磁同步交流伺服电动机主要由转子和定子两大部分组成。在转子上装有特殊形状的高性能永磁体,用以产生恒定磁场,无需励磁绕组和励磁电流。在电动机的定子铁心上绕有三相电枢绕组,接在可控的变频电源上。为了使电动机产生稳定的转矩,电枢电流磁动势与磁极同步旋转,因此还必须装有转子上永磁体的磁极位置检测,随时检测出磁极的位置,并以此为依据使电枢电流实现正交控制。这就是说,同步伺服电动机实际上包括定子绕组、转子磁极及磁极位置传感器三大部分。为了检测电动机的实际运行速度,或者进行位置控制,通常在电动机轴的非负载端安装速度传感器和位置传感器,如测速发动机和光电码盘等。

根据永磁体励磁磁场在定子绕组中感应出的电动势波形不同,交流永磁同步电动机分为两种:一种输入电流为方波,相感应电动势波形为梯形波,该类电动机称为无刷直流电动机(Brushless Direct Current Motor,BLDCM);另一种输入电流为正弦波,相感应电动势为正弦波,称为永磁同步电动机(Permanet Magnet Synchronous Motor,PMSM)。和永磁同步电动机相比,无刷直流电动机本体结构更加简单,采用集中绕组后具有更高的功率密度。但是因为其电流波形为方波,反电动势波形为梯形波,导致电磁转矩脉动很大,使其运行特性不如正弦波永磁同步电动机,所以要求高性能的伺服场合都采用正弦波永磁同步电动机。从转子结构角度区分,永磁同步电动机主要有表装式(面装式)、嵌入式和内埋式三种形式,其结构如图 3-28 所示。

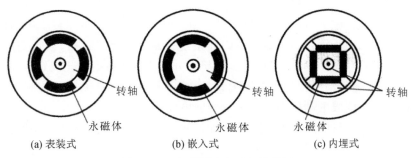

图 3-28　永磁同步电动机结构图

表装式和嵌入式结构可以减小转子直径,降低转动惯量,特别是若将永磁体直接粘贴在转轴上,还可以获得低电感,这有利于改善动态性能。而内埋式结构的永磁体埋装在转子铁心内部,机械强度高,磁路气隙小,与前两种结构相比,更适合弱磁运行。对于表装式结构来说,由于永磁材料磁导率几乎与空气相等,其交轴和直轴磁路对称,交、直轴电感基本相等,因此表装式永磁同步电动机属于隐极式电动机;嵌入式结构和内埋式结构的直轴磁路磁通要通过两个永磁体,交轴磁路磁通仅仅通过气隙和定、转子铁心,不通过永磁体,所以其交轴电感大于直轴电感,属于凸极式电动机。

3.3.3　交流伺服电动机的工作原理

交流伺服电动机内部的转子是永磁铁,驱动器控制的 U、V、W 三相电形成电磁场,转子在此磁场的作用下转动,同时电动机自带的编码器反馈信号给驱动器,驱动器将反馈值与目标值进行比较,调整转子转动的角度。伺服电动机的精度取决于编码器的精度(线数)。交流伺服电动机有以下三种转速控制方式:

(1)幅值控制。控制电流与励磁电流的相位差保持 90° 不变,改变控制电压的大小。

(2)相位控制。控制电压与励磁电压的大小,保持额定值不变,改变控制电压的相位。

(3)幅值-相位控制。同时改变控制电压的幅值和相位,交流伺服电动机转轴的转向随控制电压相位的反相而改变。

以单相异步电动机为例,定子两相绕组在空间相距 90°:一相为励磁绕组,运行时接至交流电源上;另一相为控制绕组,输入控制电压,控制电压与电源电压为同频率的交流电压,转子为笼型。交流伺服电动机具有调速范围广、线性度好、响应快和无"自转"现象等特点。在正常运行时,交流伺服电动机的励磁绕组和控制绕组都通电,通过改变控制电压来控制电动机的转速。当控制电压为零时,电动机应当停止旋转;而实际情况是,当转子电阻较小时,两相异步电动机运转起来后,若控制电压为零,电动机便成为单相异步电动机继续运行,并不停转。

3.4 直流伺服系统

随着电力电子技术、单片机和微型计算机的高速发展，外围电路元件专用集成电路的不断出现，使得直流伺服电动机控制技术有了显著进步。这些技术领域的高速发展可以帮助人们很容易地构成高精度、快响应的直流伺服系统。

3.4.1 直流伺服系统的分类

在直流伺服控制系统中，目前有两种反馈方式：开环与闭环。闭环系统中，将执行电动机的角位移信号反馈回系统输入端的称为半闭环系统。其优点是易调整，缺点是反馈信号不是系统的输出信号，控制精度不如全闭环高。全闭环方式是将系统的输出反馈回系统的输入端，其控制精度高，但考虑传动机构的间隙等因素，系统不易调整。直流伺服控制系统中，直流伺服电动机有直流有刷伺服电动机和直流无刷伺服电动机两种。

直流有刷伺服电动机的特点是：体积小、动作快、反应快、过载能力大、调速范围宽；低速力矩大，波动小，运行平稳，噪声低，效率高，后端编码器反馈（选配）构成直流伺服；变压范围大，频率可调。另外，直流有刷伺服电动机成本高、结构复杂，起动转矩大，需要维护，但维护方便（换电刷），会产生电磁干扰，对环境有要求，因此它可以用于对成本敏感的普通工业和民用场合。

直流无刷伺服电动机的特点是：转动惯量小，起动电压低，空载电流小，电子换向方式灵活，转速高达 100 000r/min；无刷伺服电动机在执行伺服控制时，无需编码器也可实现速度、位置、转矩等的控制；容易实现智能化，其电子换相方式灵活，可以方波换相或正弦波换相；不存在电刷磨损情况，寿命长、噪声低、无电磁干扰；等等。

直流伺服系统一般用于直流伺服电动机，可应用在火花机、机械手等设备上。可同时配置2500PPR（每转脉冲数）高分辨率的标准编码器及测速器，还能加配减速箱，给机械设备带来可靠的准确性及高扭力。它的调速性好，单位重量和体积下，输出功率最高，大于交流伺服电动机，更远远超步进伺服电动机，多级结构的力矩波动小。

3.4.2 直流伺服电动机的类型

直流伺服电动机具有良好的启动、制动和调整速特性，可以在较宽的范围内方便地实现平滑无级调速，故其常用在对伺服电动机调速性能要求较高的设备中。直流伺服电动机根据磁场励磁的方式不同，可以分为他励式、永磁式、并励式、串励式、复励式五种；按结构来分，可以分为电枢式、无槽电枢式、印刷电枢式、空心杯电枢式等类型；按转速的高低来分，可分为高速直流伺服电动机和低速大转矩、宽调速电动机两种。

1. 高速直流伺服电动机

高速直流伺服电动机又可分为普通直流伺服电动机和高性能直流伺服电动机。普通高速直流伺服电动机的应用历史最长，但是，这种电动机的转矩-惯量比很小，不能适应现代伺服控制技术发展的要求。

2. 低速大转矩、宽调速电动机

低速大转矩、宽调速电动机又称为直流力矩电动机，由于它的转子直径较大，线圈绕组多，所以力矩大,转矩惯量比高,热容量高,能长时间过载,不需要中间传动装置就可以直联丝杠工作,并且由于没有励磁回路的损耗,它的外形尺寸比其他直流伺服电动机小。另外,低速大转矩宽调速电动机还有一个重要的特点,即低速特性好,能够在较低的速度下平稳运行,最低速可以达到 1 r/min,甚至达到 0.1 r/min。

3.4.3　直流伺服电动机的工作原理

直流伺服电动机的结构与一般的电动机结构相似,由定子、转子和电刷等部分组成,在定子上有励磁绕组和补偿绕组,转子绕组通过电刷供电。由于转子磁场和定子磁场始终正交,因此产生转矩使转子转动。由图 3-29 可知,定子励磁电流产生定子电动势 F_s,转子电枢电流产生转子磁动势 F_r,F_s 和 F_r 垂直正交。补偿磁阻与电枢绕组串联,电流又产生补偿磁动势 F_c,F_c 与 F_r 方向相反,它的作用是抵消电枢磁场对定子磁场的扭斜,使电动机有良好的调速特性。

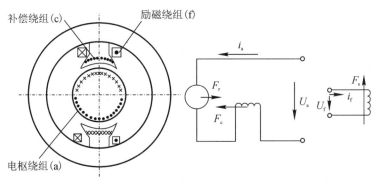

图 3-29　直流伺服电动机的工作原理

永磁直流伺服电动机的转子绕组是通过电刷供电的,并在转子的尾部装有测速发电机和旋转变压器或光电编码器,它的定子磁极是永久磁铁。我国稀土永磁材料有很大的磁能积和极大的矫顽力,把永磁材料用在电动机中不但可以节约能源,还可以减小电动机发热,减小电动机体积。永磁式直流伺服电动机与普通直流电动机相比有过载能力高、转矩惯量比大、调速范围大等优点。因此永磁式直流伺服电动机曾广泛应用于数控机床进给伺服系统。由于近年来出现了性能更好的转子为永磁铁的交流伺服电动机,永磁直流电动机在数控机床上的应用越来越少。

习　　题

1. 工业机器人驱动系统有哪三种主要类型?各种类型之间的主要区别是什么?

2. 简述工业机器人气动式动力装置的结构组成及特点。

3. 简述工业机器人液压式动力装置的结构组成及特点。

4. 简述工业机器人电动式动力装置的结构组成及特点。

5. 简述工业机器人驱动系统的主要传动机构及其主要区别。

6. 简述工业机器人开环、半闭环和全闭环伺服系统的主要区别。

7. 简述工业机器人交流伺服电动机的主要类型。

8. 简述工业机器人交流伺服电动机的工作原理。

9. 简述工业机器人直流伺服电动机的主要类型。

10. 简述工业机器人直流伺服电动机的工作原理。

第4章 工业机器人的传感系统

通过第 3 章的学习,我们了解了工业机器人的驱动系统构成。那么工业机器人与普通机器相比较其优越性在哪里呢？我们知道要想让机器模仿人进行工作,实现某些特定的功能,工业机器人就必须加上人的某些感知功能。只有它具了有人的某些感知功能,才能称得上机器人。本章主要介绍机器人的感知功能。

知识目标

- 了解工业机器人传感器的分类。
- 掌握各种传感器的组成、功能及应用。

能力目标

- 能够识别工业机器人的各种传感器。
- 能够理解各种传感器的工作原理。

情感目标

- 培养学生对工业机器人感知能力研究的兴趣。
- 培养学生关心科技、热爱科学、勇于探索的精神。

要让工业机器人像人一样有效地完成工作任务,工业机器人必须具有对作业环境等的外界状况进行感知、判别的功能。没有感知功能的工业机器人,只能按预先设定的动作顺序,简单、重复地完成工作,其可靠性差,精度低,应用范围有限。具有感知功能的工业机器人,能够根据作业对象的变化来调整相应的动作,这样的工业机器人的自适应能力更强,工作能力也更强。

工业机器人传感系统的功能,就是让机器人具有感知功能,从而更好地完成工作。

4.1 工业机器人传感器概述

传感器在工业机器人的控制中起了非常重要的作用,正是因为有了传感器,工业机器人才具备了类似人类的知觉功能和反应能力。

4.1.1 人类的感觉

日常生活中我们把人类的感觉分成两大类。

第一类是外部感觉,包括视觉、听觉、触觉、味觉和嗅觉五种。这类感觉的感受器位于身体表面,或接近身体表面的地方。

(1)视觉,人类可以看到 $0.77\sim0.39\ \mu m$ 的电磁波。

(2)听觉,人类能听到物体振动所发出的 $20\sim2\ 000\ Hz$ 的声波,可以分辨出声音的音调(高低)、音强(大小)和音色(波形的特点),通过音色可以分辨出火车声、汽车声,能够分辨出熟人的说话声,甚至人的走路声,还可以确定声源的位置、距离和移动。

(3)触觉也称肤觉,是具有机械和温度的特性物体作用于触觉器官引起的感觉。分为痛、温、冷、触(压)四种基本感觉。触觉具有很高的敏感度。这就相当于在皮肤中,"植入"了成千上万的压力、温度和疼痛传感器。例如,约有200万个疼痛传感器、50万个压力传感器和20万个温度传感器不均匀地遍布人体,主要在表皮。当其他感官失效或受到干扰时,人类还可以用触觉去辨识、区分不同物体和现象。

(4)味觉是溶于水的物质作用于味觉器官产生的。味觉有甜、酸、咸、苦等四种不同的性质。同样,人类也可以用味觉器官去识别和区分很多物体。例如,可以察觉食物中的微量成分,以及某些气体或化学物质。

(5)嗅觉是挥发性物质的分子作用于嗅觉器官的结果。通过嗅觉人们也可以分辨物体的气味。

第二类感觉是反映机体本身各部分运动或内部器官发生的变化,这类感觉的感觉器位于各有关组织的深处(如肌肉)或内部器官的表面(如胃壁、呼吸道)。这类感觉有运动觉、平衡觉和机体觉。

(1)运动觉,就是运动感觉,是对身体各部位的位置和运动状况的感觉,也是肌肉、肌腱和关节的感觉,即本体感觉。位于韧带、关节和肌肉等处的感觉接受器可以告知大脑整个身体的位置和运动。

(2)平衡觉,是由人体体位姿势方向发生的变化,刺激前庭感受器而产生的感觉。前庭器官位于人的内耳,与小脑密切联系。刺激前庭器官所产生的感觉在重新分配身体肌肉紧张度、保持身体自动平衡等方面起着重要作用。

(3)机体觉,机体内部器官受到刺激而产生的感觉,又称内脏感觉。当各种内脏器官工作正常时,各种感觉融合为一种感觉,称之为自我感觉。在工作异常或发生病变时,个别的内部器官就能产生痛觉或其他感觉。内感受器的神经末梢比较稀疏,一般强度的刺激信号,在从内感受器到达大脑时常被外感受器的信号所掩盖,因而引不起机体觉。只有在强烈的或经常不断的刺激作用下,机体觉才较鲜明。可单独划分出来的机体觉有饥、渴、气闷、恶心、窒息、牵拉、便意、胀和痛等。

4.1.2 传感器的定义和组成

1.传感器的定义

传感器是能够感受规定的被测量(物理的、化学的和生物的信息),并按照一定的规律将其转换成可用输出信号(通常是电压或电流量)的器件或装置。它既能把非电量变换为电量,也能实现电量之间或非电量之间的互相转换。总而言之,一切获取信息的仪表器件都可称为传感器。

国际上,传感技术被列为六大核心技术(计算机、激光、通信、半导体、超导和传感)之一。传感技术也是现代信息技术的三大基础(传感技术、通信技术、计算机技术)之一。

2.传感器的组成

传感器一般由敏感元件、转换元件、转换电路三部分组成。

(1)敏感元件:能敏锐地感受某种物理、化学、生物的信息并将其转变为电信息的特种电子元件。在工业机器人中采用敏感元件来感知外界的信息,可以达到或超过人类感觉器官的功能。

(2)转换元件:传感器中能将敏感元件的输出转换为适于传输和测量的电信号部分。

(3)转换电路:把转换元件输出的电量信号转换为便于处理、显示、记录或控制的电信号的电路。

4.2　工业机器人传感器的分类、要求及选择

工业机器人在进行作业期间,其控制器相当于人类的大脑,需要不断地获取周围作业环境和作业对象的信息,如力、温度、速度、位移、时间、压力、颜色等等,以此来判断和调整接下来的动作和运动。这些信息的获取是靠传感器来实现的。

4.2.1　工业机器人传感器的分类

工业机器人作业时,所要完成的任务不同,其配置的传感器类型和规格也不相同。

工业机器人传感器一般分为内部信息传感器和外部信息传感器等两类,具体如图4-1所示。

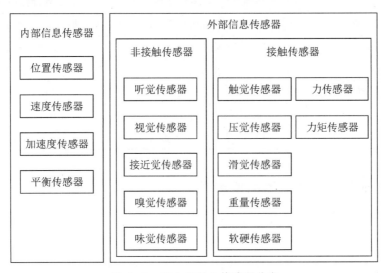

图4-1　工业机器人传感器分类

1.内部信息传感器

内部信息传感器主要用来采集工业机器人自身状态参数(如本体、关节和手爪的位移、速度、加速度等)信息。

2.外部信息传感器

外部信息传感器用来采集工业机器人和外部环境以及工作对象之间相互作用的信息。

工业机器人常见外部信息传感器的分类及应用见表4-1。

表 4 - 1　机器人常见外部信息传感器的分类及应用

传感器	检测对象	传感器装置	应用
视觉	空间形状	面阵 CCD、SSPD(自扫描光电二极管阵)、TV 摄像机	物体识别、判断
	距离	激光、超声测距	移动控制
	物体位置	PSD 位置、线阵 CCD	位置决定、控制
	表面形态	面阵 CCD	检查异常检测
	光亮度	光电管、光敏电阻	判断对象有无
	物体颜色	色敏传感器、彩色 TV 摄像机	物料识别、颜色选择
听觉	声音	麦克风	语音识别、人-机对话
	超声	超声波换能器	移动控制
触觉	接触	微型开关、光电传感器	控制速度、位置,姿态确定
	握力	应变片、半导体压力元件	控制握力,识别握持物体
	负载	应变片、负载单元	张力控制,指压控制
	压力大小	导电橡胶、感压高分子元件	姿态、开关判别
	压力分布	应变片、半导体感压元件	装配力控制
	力矩	压阻元件、转矩传感器	控制手腕,伺服控制双向力
	滑动	光电编码器、光纤	修正握力,测量质量或表面特征
接近觉	接近程度	光敏元件、激光	作业程序控制
	接近距离	光敏元件	路径搜索、控制,避障
	倾斜度	超声换能器、电感式传感器	平衡,位置控制
味觉	味道	离子敏传感器、pH 计	化学成分分析
嗅觉	气体成分浓度	气体传感器、射线传感器	化学成分分析

4.2.2　工业机器人传感器的要求

工业机器人传感器的一般要求如下。

1. 精度高、重复性好

工业机器人传感器的精度直接影响其完成工作的质量。用于检测和控制工业机器人运动的传感器精度是控制工业机器人定位精度的基础。工业机器人是否能够准确无误地正常工作,主要取决于传感器的精度的高低。

2. 稳定性好、可靠性高

工业机器人传感器的稳定性和可靠性,是保证机器人能够长期稳定可靠地工作的必要条件。

3. 抗干扰能力强

工业机器人的工作环境一般比较恶劣。因此,要求工业机器人的传感器应当具有较强的抗干扰能力(如能在电磁场干扰、严重高温、高压、高污染环境下可靠工作),才能确保工业机器人在任何作业环境中都能正常工作。

4. 质量轻、体积小、安装方便可靠

对于安装在工业机器人手臂等运动部件上的传感器,质量要轻,否则会加大运动部件的惯性、影响机器人的运动性能。对于工作空间受到某种限制的机器人,以及特殊作业环境的工业机器人,传感器的安装必须方便、可靠。

5. 价格低

传感器的价格直接影响到工业机器人的生产成本,传感器价格低可降低工业机器人的生产成本。

另外,对工业机器人传感器还有以下要求:适应加工任务要求,满足机器人控制要求,满足安全性要求及其他辅助性要求。

4.2.3　传感器类型的选择

工业机器人的准确操作取决于对其自身状态、操作对象及作业环境的准确识别。这种准确识别通过传感器的感觉功能实现。工业机器人传感器与大量使用的工业检测传感器不同,它对传感信息的种类和智能化处理的能力更高。

1. 从工业机器人对传感器的需要来选择

(1)精度高,重复性好。

(2)稳定性好,可靠性高。

(3)抗干扰能力强。

(4)质量轻,体积小,安装方便、可靠。

(5)价格便宜。

2. 从加工任务的要求来选择

在现代工业中,工业机器人被用于执行各种加工任务,其中比较常见的加工任务有物料搬运、装配、喷漆、焊接、检验等。不同的加工任务对工业机器人提出了不同的要求,应为其配置相应功能的传感器。

3. 从工业机器人控制的要求来选择

工业机器人控制需要采用传感器来检测机器人的运动位置、速度、加速度。除了较简单的开环控制机器人外,多数工业机器人都装备了位置传感器、速度传感器和加速度传感器等作为闭环控制器的反馈元件。工业机器人根据这些传感器反馈的位置、速度和加速度等信息,对其运动误差进行补偿。

4. 从安全方面的要求来选择

从安全方面考虑,工业机器人对传感器的要求包括以下两个方面:

(1)保证工业机器人使用者的安全。

(2)能保证工业机器人本身的安全。

5. 从传感器性能指标来选择

传感器性能指标有如下几种:灵敏度、线性度、测量范围、精度、重复性、分辨率、响应时间和可靠性。

6. 从传感器物理特征来选择

选择传感器所依据的物理特性包括传感器的尺寸和质量、信号的输出形式、传感器的可插接性等。

4.3 工业机器人的视觉

工业机器人的视觉系统是使其具有视觉感知功能的系统。工业机器人的视觉系统通过图像和距离等传感器来获取环境对象的图像、颜色和距离等信息,然后传递给图像处理器,利用计算机处理图像信息并建立三维空间的真实模型。它还可以通过视觉传感器获取外界环境的图像,并通过视觉处理器进行分析和处理,进而将其转换为控制信号,让机器人能够辨识物体,并确定物体的位置。

4.3.1 视觉系统的组成

工业机器人的视觉系统是一种非接触式的光学传感系统,同时集成软件和硬件,综合现代计算机、光学、电子技术,能够自动地从所采集到的图像中获取信息或者产生的驱动信号。

工业机器人的视觉处理过程包括图像输入(获取)、图像处理和图像输出等几个阶段(见图4-2,图中"A/D"为"模/数")。首先,利用光源照射被测物体,通过光学成像系统采集视频图像,再通过相机和图像采集卡将光学图像转换为数字图像;然后,计算机通过图像处理软件对图像进行处理,分析其中的有用信息;最后,将图像处理获得的信息用于对视觉检测对象(被测物体、环境)的判断,并形成相应的控制指令,发送给相应的机构。

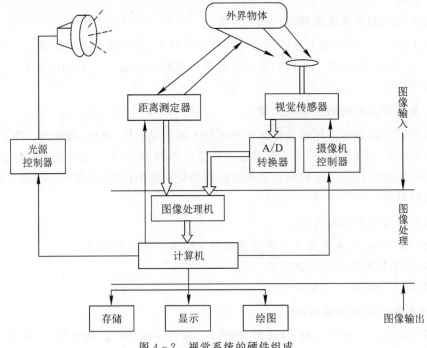

图 4-2 视觉系统的硬件组成

4.3.2　机器人视觉的应用

1. 在焊接过程中的应用

焊接过程中要求：视觉传感器具有灵敏度高、动态响应特性好、信息量大、抗电磁干扰、与工件无接触等特点，能抵抗焊接过程产生的弧光、电弧热、烟雾以及飞溅等的强烈干扰。焊接机器人包括点焊机器人和弧焊机器人两类。这两类机器人都需要用位置传感器和速度传感器进行控制。位置传感器主要采用光电式增码盘，速度传感器主要采用测速发电机。为了检测点焊机器人与待焊工件的接近情况，控制点焊机器人的运动速度，点焊机器人还需要装备接近觉传感器。弧焊机器人对传感器要求比较特殊，需要采用传感器来控制焊枪沿焊缝自动定位，并自动跟踪焊缝。图 4-3 所示为具有视觉焊缝对中功能的弧焊机器人的系统结构。图像传感器（摄像机）直接安装在机器人末端执行器中。焊接过程中，图像传感器对焊缝进行扫描检测，获得焊前区焊缝的截面参数曲线，计算机根据该截面参数计算出末端执行器相对焊缝中心线的偏移量 Δ，然后发出位移修正指令，调整末端执行器的位置，直到偏移量 $\Delta=0$ 为止。弧焊机器人装上视觉系统后，给编程带来了方便。编程只需严格按图样进行即可。在焊接过程中产生的焊缝变形、装卡及传动系统的误差均可由视觉系统自动检测并加以补偿。汽车工业使用的工业机器人大约一半用于焊接作业。工业机器人焊接比手工焊接焊接质量的一致性好。但工业机器人焊接的关键问题是要保证被焊接工件位置的精确性。

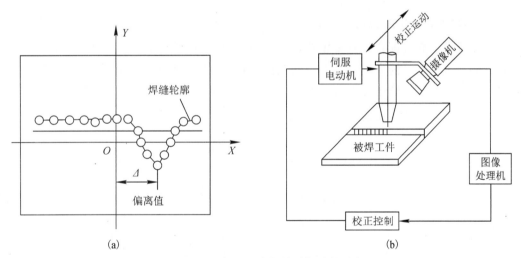

图 4-3　弧焊过程中焊枪对焊缝的对中

2. 在装配作业中的应用

装配机器人对视觉系统的要求：能识别传送带上所要装配的机械零件，并确定该零件的空间位置，据此信息控制机械手的动作，做到准确装配；对机械零件进行检查；测量工件的极限尺寸。

图 4-4 所示为一个吸尘器自动装配实验系统。该系统由 2 台关节机器人和 7 个图像传感器组成。吸尘器部件包括底盘、气泵和过滤器等，都自由堆放在右侧备料区，该区上方装配 3 个图像传感器（α、β、γ），用来分辨物料的种类和方位。工业机器人的前部为装配区，这里有 4 个图像传感器 A、B、C 和 D，用来对装配过程进行监控。使用这套系统装配一台吸

尘器只需 2min。

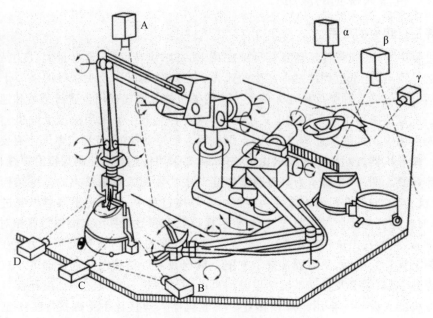

图 4-4 吸尘器自动装配实验系统

3. 在非接触式检测中的应用

在工业机器人腕部配置视觉传感器,可用于对异形零件进行非接触式测量,如图 4-5 所示。这种测量方法除了能完成常规的空间几何形状、形体相对位置的检测外,如果配上超声、激光、X 射线探测装置,则还可进行零件内部的缺陷探伤、表面涂层厚度测量等作业。

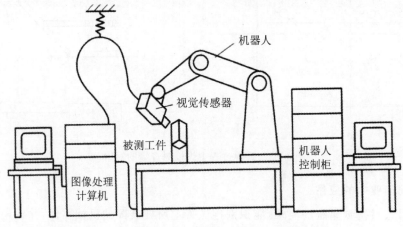

图 4-5 具有视觉系统的机器人进行非接触式测量

4. 在管道检测中的应用

管内作业机器人是一种可在管道内壁行走的机构,可携带多种传感器及操作装置,实现管道焊接、防腐喷涂、壁厚测量、管道的无损检测、获取管道的内部状况及定位等功能。

如图 4-6 所示为管内 X 射线探伤机器人的结构示意图。

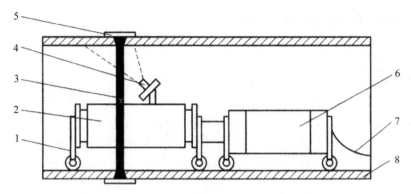

1—支撑及调整装置；2—X 射线机；3—焊缝；　4—光源及面阵CCD；5—感光胶片；
6—控制及驱动装置；7—电缆；8—管壁

图 4 - 6　管内 X 射线探伤机器人的结构示意图

4.4　工业机器人的触觉

工业机器人的触觉功能是感受接触、冲击、压迫等机械刺激,触觉可以用在抓取时感知物体的形状、软硬等物理性质。一般,把感知与外部直接接触而产生的接触觉、压觉、接近觉、滑觉和力觉的传感器称为机器人触觉传感器。

工业机器人触觉可分成接触觉、接近觉、压觉、滑觉和力觉等五种,如图 4 - 7 所示。接触觉是通过与对象物体彼此接触时产生的,所以最好使用手指表面高密度分布的触觉传感器阵列,它柔软、易于变形,可增大接触面积,并且有一定的强度,便于抓握。接触觉传感器可检测机器人是否接触目标或环境,用于寻找物体或感知碰撞,触头可装配在机器人的手指上,用来判断工作中各种状况。工业机器人依靠接近觉来感知对象物体在附近,然后手臂减速慢慢接近物体;依靠接触觉可知接触到物体,控制手臂让物体位于手指中间,合上手指握住物体。用压觉控制握力。如果物体较重,则靠滑觉来检测滑动,修正设定的握力来防止滑动。力觉控制与被测物体自重和转矩相应的力,或举起或移动物体。另外,力觉在旋紧螺母、轴与孔的嵌入等装配工作中也有广泛的应用。

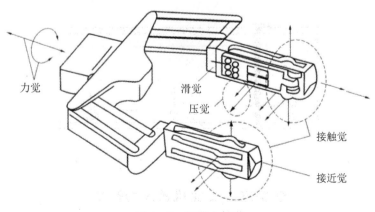

力觉

滑觉

压觉

接触觉

接近觉

图 4 - 7　机器人触觉

4.4.1 机器人的接触觉传感器

1. 接触觉传感器的分类

接触觉传感器主要有机械式、弹性式和光纤式等三种。

（1）机械式传感器。机械式传感器主要利用触点的接触与断开获取信息，通常采用微动开关来识别物体的二维轮廓，由于结构关系，机械式传感器感知元件无法实现高密度列阵。

（2）弹性式传感器。弹性式传感器由弹性元件、导电触点和绝缘体构成。如采用导电性石墨化碳纤维、氨基甲酸乙酯泡沫、印制电路板和金属触点构成的传感器，碳纤维被压后与金属触点接触，开关导通。

如图 4-8 所示为二维矩阵接触觉传感器的配置方法，一般放在机器人手掌的内侧。其中：①是柔软的电极；②是柔软的绝缘体；③是电极；④是电极板。图中柔软导体可以使用导电橡胶、浸含导电涂料的氨基甲酸乙酯泡沫或碳素纤维等材料。

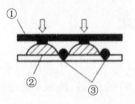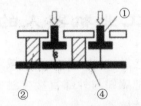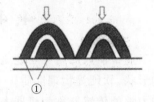

图 4-8　二维矩阵式接触觉传感器

阵列式接触觉传感器可用于测定自身与物体的接触位置、被握物体中心位置和倾斜度，甚至还可以识别物体的大小和形状。图 4-9 所示为热电型红外传感器（PVF2）阵列式触觉传感器。

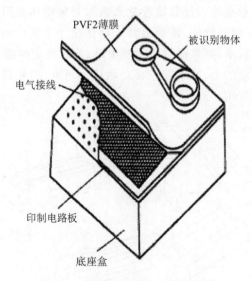

图 4-9　PVF2 阵列式触觉传感器

阵列式接触觉传感器的作用是辨识物体接触面的轮廓。对于非阵列接触觉传感器，信号的处理主要是为了感知物体的有无。由于信息量较少，故处理技术相对比较简单、成熟。

（3）光纤式传感器。光纤式传感器包括一根由光纤构成的光缆和一个可变形的反射表面。光通过光纤束投射到可变形的反射材料上，反射光按相反方向通过光纤束返回。如果反射表面是平的，则通过每条光纤所返回的光的强度是相同的。如果反射表面已变形，则反射的光强度不同。用高速光扫描技术进行处理，即可得到反射表面的受力情况。图 4-10 所示为触须式光纤触觉传感器装置。

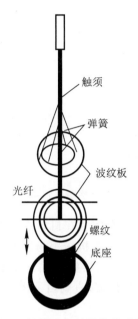

图 4-10 触须式光纤触觉传感器装置

图 4-11 所示的接触觉传感器由微动开关组成，其中图 4-11(a)所示为点式开关，图 4-11(b)所示为棒式开关，图 4-11(c)所示为缓冲器式开关，图 4-11(d)所示为平板式开关，图 4-11(e)所示为环式开关。用途不同，其配置也不同，它们一般用于探测物体位置、探索路径和安全保护。这类结构属于分散装置结构，单个传感器安装在机械手的敏感位置上。

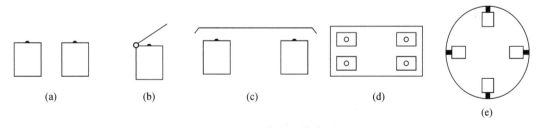

图 4-11 接触觉传感器

2. 接触觉的应用

如图 4-12 所示为一个具有接触搜索识别功能的机器人。图 4-12(a)所示为具有 4 个自由度（2 个移动和 2 个转动）的机器人，由一台计算机控制，各轴运动是由直流电动机闭环驱动的。手部装有压电橡胶接触觉传感器，识别软件具有搜索和识别的功能。

（1）搜索过程。机器人有一扇形截面柱状操作空间，手爪在高度方向进行分层搜索，对每一层可根据预先给定的程序沿一定轨迹进行搜索。如图 4-12(b)所示，搜索过程中，假定在位置①遇到障碍,则手爪上的接触觉传感器就会发出停止前进的指令,使手臂向后缩回一段距离到达位置②。如果已经避开了障碍物,则再前进至位置③,又伸出到位置④处,运动到位置⑤处与障碍物再次相碰。根据①、⑤的位置计算机就能判断被搜索物体的位置。再按位置⑥、位置⑦的顺序接近就能对搜索的目标物进行抓取。

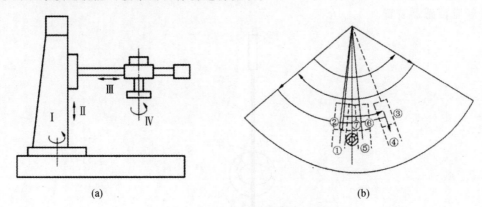

图4-12　具有接触搜索功能的机器人

(2)识别功能。图4-13所示为一个配置在机械手上的由3×4个触觉元件组成的表面阵列触觉传感器,识别对象为一长方体。假定机械手与搜索对象的已知接触目标模式为$x*$,机械手的每一步搜索得到的接触信息构成了接触模式x_i,机器人根据每一步搜索,对接触模式x_1、x_2、x_3…不断计算、估计,调整手的位姿,直到目标模式与接触模式相符合为止。

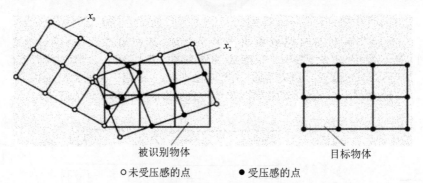

被识别物体　　　　　　　　目标物体

○未受压感的点　　　　●受压感的点

图4-13　用表面矩阵触觉传感器引导随机搜索

其中,每一步搜索过程由三部分组成:

1)接触觉信息的获取、量化和对象表面形心位置的估算;

2)对象边缘特征的提取和姿势估算;

3)运动计算及执行运动。

要判定搜索结果是否满足形心对中要求和姿势要求,则还可设置一个目标函数,要求目标函数在某一尺度下最优,用这样的方法可判定对象的存在,及其位置和姿势情况。

4.4.2　工业机器人的接近觉传感器

接近觉传感器是指工业机器人手接近物体的距离为几毫米到十几厘米时,就能检测出与物体表面的距离、斜度和表面状态的传感器。接近觉一般用非接触式测量元件,如霍尔效应传感器、电磁式接近开关、光学接近传感器和超声波传感器等。

接近觉传感器可分为 6 种：电磁式(感应电流式)、光电式(反射或透射式)、电容式、气压式、超声波式和红外线式，如图 4-14 所示。

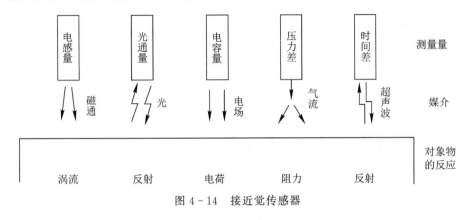

图 4-14　接近觉传感器

1. 电磁式接近觉传感器

在一个线圈中通入高频电流，就会产生磁场，这个磁场接近金属物时，会在金属物中产生感应电流，也就是涡流。涡流大小随物体表面与线圈的距离而变化，这个变化反过来又影响线圈内磁场强度。磁场强度可用另一组线圈检测出来，也可以根据激磁线圈本身电感的变化或激励电流的变化来检测。电磁式接近觉传感器原理图如图 4-15 所示。这种传感器的精度比较高，而且可以在高温下使用。由于工业机器人的工作对象大多是金属部件，因此电磁式接近觉传感器应用较广，在焊接机器人中可用它来探测焊缝。

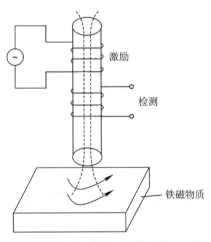

图 4-15　电磁式接近觉传感器原理图

2. 光电式接近觉传感器

光源发出的光经发射透镜射到物体，经物体反射并由接收透镜会聚到光电器件上。若物体不在感知范围内，光电器件无输出。光反射式接近觉传感器由于光的反射量受到对象物体的颜色、表面粗糙度和表面倾角的影响，所以精度较差，应用范围小。光电式接近觉传感器的应答性好，维修方便，测量精度高，目前应用较多，但其信号处理较复杂，使用环境也受到一定限制(如环境光度偏极或污浊)。光电式接近觉传感器原理图如图 4 - 16 所示。

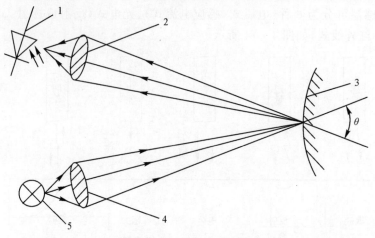

1—光电器件；2—接收透镜；3—物体；4—发射透镜；5—光源

图 4 - 16　光电式接近觉传感器原理图

3. 电容式接近觉传感器

电容式接近觉传感器可以检测任何固体和液体材料,外界物体靠近这种传感器会引起其电容量变化,由此反映距离信息。检测电容量变化的方案很多,最简单的一种方法是,将电容作为振荡电路的一部分,只有在传感器的电容值超过某一阈值时振荡电路才起振,将起振信号转换成电压信号输出,即可反映是否接近外界物体,这种方案可以提供二值化的距离信息。另一种方法是,将电容作为受基准正弦波驱动电路的一部分,电容量的变化会使正弦波发生相移,且二者成正比关系,由此可以检测出传感器与物体之间的距离。

图 4 - 17 所示为极板电容式接近觉传感器原理图。

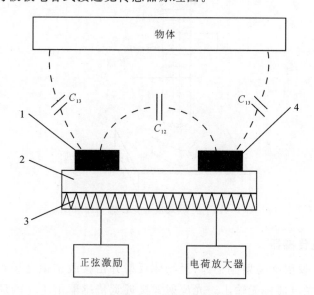

1—极板1；2—绝缘板；3—接地屏蔽板；4—极板2

图 4 - 17　极板电容式接近觉传感器原理图

4. 气压式接近觉传感器

气压式接近觉传感器由一根细的喷嘴喷出气流,如果喷嘴靠近物体,则内部压力会发生变化,这一变化可用压力计测量出来。图 4-18(a)所示为其原理图,4-18(b)所示曲线表示在气压 p 的情况下,压力计的压力与距离 d 之间的关系。它可用于检测非金属物体,尤其适用于测量微小间隙。

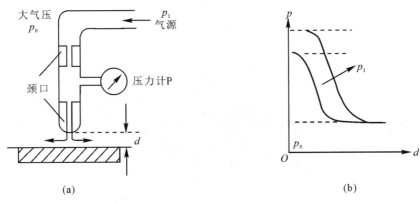

(a)　　　　　　　　　　　　　　　　(b)

图 4-18　气压式接近觉传感器原理图

5. 超声波式接近觉传感器

超声波是频率 20kHz 以上的机械振动波,超声波的方向性较好,可定向传播。超声波式接近觉传感器适用于对较远距离和较大物体的测量,与感应式和光电式接近觉传感器不同,这种传感器对物体材料或表面的依赖性较低,在机器人导航和避障中应用广泛。图 4-19 所示为超声波式接近觉传感器的示意图,其核心器件是超声波换能器,材料通常为压电晶体、压电陶瓷或高分子压电材料。树脂用于防止换能器受潮湿或灰尘等环境因素的影响,还可起到声阻抗匹配的作用。

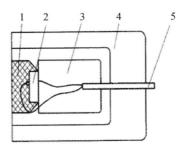

1—树脂;2—换能器;3—吸声材料;4—壳体;5—电缆

图 4-19　超声波式接近觉传感器的示意图

6. 红外线式接近觉传感器

红外线式接近觉传感器可以探测到机器人是否靠近操作人员或其他热源,这对安全保护和改变机器人行走路径有实际意义。

4.4.3　工业机器人的压觉传感器

压觉传感器实际是接触觉传感器的延伸,用来检测机器人手指握持面上承受的压力大小及分布。目前压觉传感器的研究重点是阵列型压觉传感器的制备和输出信号的处理。压觉传感器的类型很多,如压阻型、光电型、压电型、压敏型、压磁型、光纤型等。

1. 压阻型压觉传感器

利用某些材料的内阻随压力变化而变化的压阻效应制成压阻器件,将其密集配置成阵列,即可检测压力的分布,如压敏导电橡胶和塑料等。如图4-20所示为压阻型压觉传感器的基本结构。

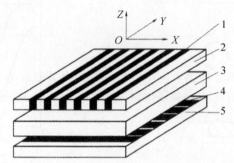

1—导电橡胶;2—硅橡胶;3—感压膜;4—形电极;5—印制电路板

图4-20 压阻型压觉传感器的基本结构

2. 光电型压觉传感器

如图4-21所示为光电型阵列压觉传感器的结构示意图。当弹性触头受压时,触杆下伸,发光二极管射向光敏二极管的部分光线被遮挡,于是光敏二极管输出随压力变化而变化的电信号。通过多路模拟开关依次选通阵列中的感知单元,并经 A/D 转换器转换为数字信号,即可感知物体的形状。

3. 压电型压觉传感器

利用压电晶体等压电效应器件,可制成类似于人类皮肤的压电薄膜来感知外界压力。其优点是耐腐蚀、频带宽和灵敏度高等,缺点是无直流响应,不能直接检测静态信号。

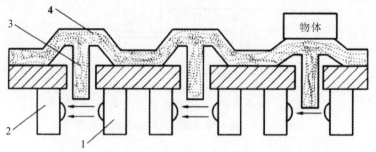

1—发光二极管;2—光敏二极管;3—触杆;4—弹性触头

图4-21 光电型阵列压觉传感器的结构示意图

4. 压敏型压觉传感器

利用半导体力敏器件与信号调理电路可构成集成压敏型压觉传感器。其优点是体积小、成本低、便于与计算机连接,缺点是耐压负载差、不柔软。

4.4.4　工业机器人的滑觉传感器

工业机器人在抓取不知属性的物体时,其自身应能调节最佳握紧力的给定值。当握紧力不够时,要能检测被握紧物体的滑动,利用该检测信号,在不损害物体的前提下,考虑最可靠的夹持方法,实现此功能的传感器称为滑觉传感器。滑觉传感器可以检测垂直于握持方向物体的位移、旋转、由重力引起的变形等,以便修正夹紧力,防止抓取物的滑动。滑觉传感器主要用于检测物体接触面之间相对运动的大小和方向,判断是否握住物体以及应该用多大的夹紧力等。当工业机器人的手指夹住物体时,物体在垂直于夹紧力方向的平面内移动,需要进行的操作有:抓住物体并将其举起时的动作,夹住物体并将其交给对方的动作,手臂移动时加速或减速的动作。

工业机器人的握力应满足物体既不产生滑动而握力又为最小临界握力的条件。如果能在刚开始滑动之后便立即检测出物体和手指间产生的相对位移,且增加握力就能使滑动迅速停止,那么该物体就可用最小的临界握力抓住。

滑觉传感器用于检测物体与工业机器人手爪之间相对运动大小和方向,传感器检测滑动的原理有以下几种:

(1)根据滑动时产生的振动检测,如图 4-22(a)所示。

(2)把滑动的位移变成转动,检测其角位移,如图 4-22(b)所示。

(3)根据滑动时手指与对象物体间动静摩擦力来检测,如图 4-22(c)所示。

(4)根据手指压力分布的改变来检测,如图 4-22(d)所示。

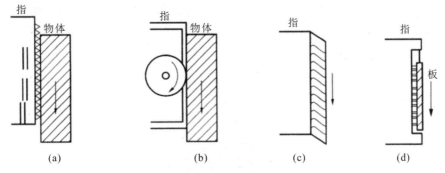

图 4-22　滑动引起的物理现象

图 4-23 所示是一种测振式滑觉传感器。传感器尖端用一个直径为 0.05mm 的钢球接触被握物体,振动通过杠杆传向磁铁,磁铁的振动在线圈中感应交变电流并输出。在传感器中设有橡胶阻尼圈和油阻尼器。滑动信号能清楚地从噪声中被分离出来。但其检测头需直接与对象物接触,在握持类似于圆柱体的对象物时,就必须准确选择握持位置,否则就不能起到检测滑觉的作用,而且其接触为点接触,可能因造成接触压力过大而损坏对象表面。

图 4-24 所示的柱形滚轮式滑觉传感器。小型滚轮

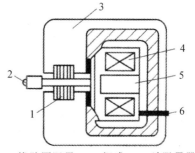

1—橡胶圈阻尼；2—钢球；3—油阻尼器；
4—线圈；5—磁铁；6—输出

图 4-23　测振式滑觉传感器

安装在机器人手指上[见图4-24(a)]，其表面稍突出手指表面，使物体的滑动变成转动。滚轮表面贴有高摩擦因数的弹性物质，这种弹性物质一般为橡胶薄膜。用板型弹簧将滚轮固定，可以使滚轮与物体紧密接触，并使滚轮不产生纵向位移。滚轮内部装有发光二极管和光电三极管，通过圆盘形光栅把光信号转变为脉冲信号[见图4-24(b)]。

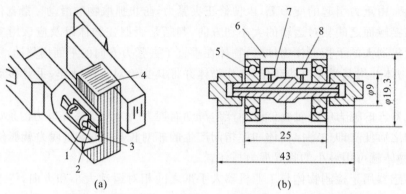

1—滑轮；2—弹簧；3—夹持器；4—物体；5—滚球；6—橡胶薄膜；7—发光二极管；8—光电三极管

图4-24 柱形滚轮式滑觉传感器

图4-25所示为机器人专用球形滑觉传感器。它主要由金属球和触针组成，金属球表面分成许多个相间排列的导电和绝缘小格。触针头很细，每次只能触及一格。当工件滑动时，金属球也随之转动，在触针上输出脉冲信号。脉冲信号的频率反映了滑移速度，脉冲信号的个数对应滑移的距离。接触器触头面积小于球面上露出的导体面积，它不仅可做得很小，而且提高了检测灵敏度。球与被握物体相接触，无论滑动方向如何，只要球一转动，传感器就会产生脉冲输出。该球体在冲击力作用下不转动，因此抗干扰能力强。

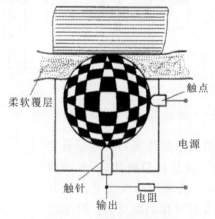

图4-25 球形滑觉传感器

滚轮式传感器只能检测一个方向的滑动。球式传感器用球代替滚轮，可以检测各个方向的滑动。振动式滑觉传感器表面伸出的触针能和物体接触，物体滚动时，触针与物体接触而产生振动，这个振动由压电传感器或磁场线圈结构的微小位移计检测。振动式滑觉传感器分为磁通量振动式传感器和光学式振动式传感器。磁通量振动式传感器和光学式振动式传感器的工作原理分别如图4-26(a)(b)所示。

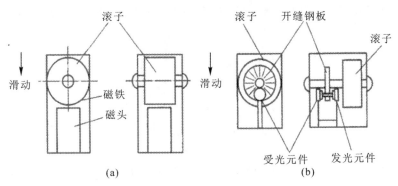

图 4 - 26　振动式传感器工作原理图

从机器人对物体施加力的大小看,握持方式可分为以下三类。

(1)刚力握持机器人手指用一个固定的力,通常是用最大可能的力握持物体。

(2)柔力握持根据物体和工作力的不同,使用适当的力握持物体。握力可变或可自适应控制。

(3)零力握持可握住物体,但不用力,即只感觉到物体的存在。它主要用于探测物体、探索路径、识别物体的形状等。

4.4.5　工业机器人的力觉传感器

力觉是指对工业机器人的指、肢和关节等运动中所受力的感知。工业机器人作业是一个工业机器人与周围环境的交互过程。作业过程有两类:一类是非接触式的,如弧焊、喷漆等,基本不涉及力;另一类是通过接触才能完成的,如拧螺钉、点焊、装配、抛光、加工等。目前视觉和力觉传感器已用于非事先定位的轴孔装配,其中,视觉完成大致的定位,装配过程靠孔的倒角作用不断产生的力反馈得以顺利完成。又如高楼清洁机器人,它在擦玻璃时,显然用力不能太大也不能太小,这要求机器人作业时具有力控制功能。当然,机器人力传感器不仅仅用于上面描述的机器人末端执行器与环境作用过程中发生的力的测量,还可用于机器人自身运动控制过程中的力反馈测量、机器手爪抓握物体时的握力测量等。

通常将工业机器人的力传感器分为以下三类:

(1)装在关节驱动器上的力传感器称为关节力传感器。它测量驱动器本身的输出力和力矩,用于控制中的力反馈。

(2)装在末端执行器和工业机器人最后一个关节之间的力传感器称为腕力传感器。腕力传感器能直接测出作用在末端执行器上的各向力和力矩。

(3)装在工业机器人手爪指关节上(或指上)的力传感器称为指力传感器。它用来测量夹持物体时的受力情况。

工业机器人的这三种力传感器有各自的特点。关节力传感器用来测量关节的受力情况,信息量单一,传感器结构也较简单,是一种专用的力传感器。指力传感器一般测量范围较小,同时受手爪尺寸和质量的限制,在结构上要求小巧,也是一种较专用的力传感器。腕力传感器从结构上来说是一种相对复杂的传感器,它能获得手爪三个方向的受力,信息量较多,又由于其安装的部位在末端操作器与机器人手臂之间,比较容易形成通用化的产品。

如图 4 - 27 所示为 Draper 实验室研制的六维腕力传感器的结构。它将一个整体金属环周壁铣成按120°周向分布的三根细梁。其上部圆环上有螺孔与手臂相连,下部圆环上的螺孔与手爪连接,传感器的测量电路置于空心的弹性构架体内。该传感器结构比较简单,灵敏度较高,但六维力(力矩)的获得需要解耦运算,传感器的抗过载能力较差,较易受损。

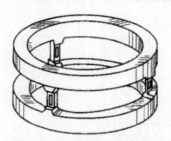

图 4 - 27   Draper 实验室的六维腕力传感器

如图 4 - 28 所示是斯坦福研究院(Stanford Research Institute,SRI)研制的六维腕力传感器。图 4 - 28(a)是 SRI 腕力传感器,图 4 - 28(b)是 SRI 腕力传感器应变片连接方式。SRI 腕力传感器由一只直径为 75 mm 的铝管铣削而成,具有 8 个窄长的弹性梁,每一个梁的颈部开有小槽,使颈部只传递力,扭矩作用很小。

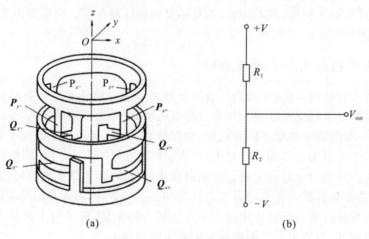

图 4 - 28   六维腕力传感器

图 4 - 29 所示是一种非径向中心对称三梁腕力传感器,传感器的内圈和外圈分别固定于机器人的手臂和手爪上,力沿与内圈相切的三根梁进行传递。每根梁的上下、左右各贴一对应变片,这样,三根梁共粘贴六对应变片,分别组成六组半桥,对这六组电桥信号进行解耦,可得到六维力(力矩)的精确解。这种力觉传感器结构有较大的刚度,最先由卡纳基-梅隆大学提出。在我国,华中科技大学也曾对此结构的传感器进行过研究。

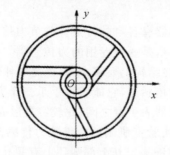

图 4 - 29   非径向中心对称三梁腕力传感器

4.5　工业机器人传感器的应用

在工业自动化领域,机器需要传感器提供必要的信息,以正确执行相关的操作。机器人已经开始应用大量传感器以提高适应能力。例如有很多的协作机器人集成了力矩传感器和摄像机,以确保在操作中拥有更好的视角,同时保证工作区域的安全。

1.工业机器人的视觉感知

二维视觉基本上就是一个可以执行多种任务的摄像头,可以完成从检测运动物体到传输带上的零件定位等任务。二维视觉在市场上已经出现了很长一段时间,并且占据了一定的份额。许多智能相机都可以检测零件并协助工业机器人确定零件的位置,工业机器人就可以根据接收到的信息适当调整其动作。

三维视觉系统必须具备两个不同角度的摄像机或使用激光扫描器。通过这种方式检测对象的第三维度。同样,现在也有许多的应用使用了三维视觉技术,例如零件取放,利用三维视觉技术检测物体并创建三维图像,分析并选择最好的拾取方式,等等。

2.工业机器人的触觉感知

机器人利用触觉传感器感知末端执行器的力度。在多数情况下,触觉传感器都位于机器人和夹具之间,这样,所有反馈到夹具上的力就都在机器人的监控之中。有了触觉传感器,像零件检测、装配,人工引导,示教,力度限制等应用都能得以实现。

3.工业机器人的安全感知

要想让工业机器人与人进行协作,首先要找出可以保证作业人员安全的方法。能实现该功能的传感器有各种形式,从摄像头到激光等,目的只有一个,就是确定工业机器人周围的状况。有些安全系统可以设置成当有人出现在特定的区域时,工业机器人会自动减速运行,如果人员继续靠近,工业机器人则会停止工作。最简单的例子就是电梯门上的激光安全传感器,当激光检测障碍物时,门会立即停止并倒退,以避免碰撞。

习　　题

一、选择题

1.用于检测物体与工业机器人手爪之间相对运动大小和方向的传感器是(　　　)。

A.接近觉传感器　　　　　　　　　B.接触觉传感器

C.滑动觉传感器　　　　　　　　　D.压觉传感器

2.工业机器人外部传感器不包括(　　　)传感器。

A.力或力矩　　　　B.接近觉　　　　C.触觉　　　　D.位置

3.接触觉传感器主要有(　　　)。

A.机械式　　　　B.弹性式　　　　C.光纤式　　　　D.感应式

4.(本题为多选题)接近觉传感器可分为（　　　）。

A.电磁式　　　　　B.光电式　　　　　C.电容式　　　　　D.气压式

E.超声波式　　　　F.红外线式

二、判断题

1.工业机器人的视觉系统是一种非接触式的光学传感系统。（　　　）

2.工业机器人的视觉处理过程包括图像输入（获取）、图像处理和图像输出等几个阶段。
（　　　）

3.工业机器人的触觉功能是感受接触、冲击、压迫等机械刺激。（　　　）

4.利用接近觉传感器，工业机器人手接近物体的距离为几毫米到十几厘米时，就能检测出与物体表面的距离。（　　　）

5.接近觉传感器是指机器人手接近对象物体的距离为几米远时，就能检测出对象物体表面的距离、斜度和表面状态的传感器。（　　　）

三、简答题

1.机器人的视觉系统是如何工作的？

2.工业机器人的滑觉传感器的工作原理是什么？

3.简述工业机器人的压觉传感器的分类及特点。

4.机器人的力觉分为哪几类？

第5章 工业机器人的控制系统

通过第4章的学习,我们了解了工业机器人的传感器部分。那么工业机器人又是如何根据传感器检测到的信息制定下一步动作的呢?如果把工业机器人的传感器比作人的感觉器官的话,工业机器人要想完成人类交给他们的任务,他们还需要一个可以推理决策的大脑。工业机器人的这个大脑就是工业机器人的控制系统。

知识目标

- 了解工业机器人控制系统。
- 掌握工业机器人控制系统的基本构成。

能力目标

- 能够识别工业机器人的各种控制策略。
- 能够理解控制系统的工作原理。

情感目标

- 培养学生对工业机器人控制系统的兴趣。
- 培养学生关心科技、热爱科学、勇于探索的精神。

工业机器人的控制系统相当于人类的大脑,是工业机器人的指挥中枢,其主要任务是控制工业机器人在工作空间中的位置、姿态、轨迹、动作时间以及动作顺序等内容。其中有些任务的控制是相当复杂的,这就决定了工业机器人的控制系统必然具有以下3个特性:

(1)用来描述工业机器人运动和状态的数学模型是一个非线性模型,它会随着工业机器人的环境和运动的变化而改变,同时工业机器人一般具有多个自由度,所以其运动变量不止一个,而且各个变量之间通常都存在耦合关系。这就使得工业机器人的控制系统不仅是一个非线性系统,而且是一个多变量耦合的系统。

(2)工业机器人的控制与其机构运动学和系统动力学存在着紧密的联系,因而要使工业机器人的臂、腕及末端执行器等部位在空间具有准确无误的位置和位姿,就必须在不同的坐标系中描述这些参数,并且随着基准坐标系的不同能实现准确的坐标变换,同时还需求解运动学和动力学问题。

(3)一般地,工业机器人的臂、腕及末端执行器等部位的任一位姿都可以通过不同的方式和路径达到,因而工业机器人的控制系统还需对运动方式和路径进行优化。

5.1 工业机器人控制系统概述

5.1.1 控制系统的基本原理

为使工业机器人能够按照要求完成任务,其控制系统一般需完成以下四个过程:

(1)示教过程。采用工业机器人中计算机系统可以接受的方法,通过示范的方式给工业机器人下达作业命令。

(2)计算与控制过程。这个过程主要完成工业机器人整个系统的管理、信息的获取与处理、控制策略的制定以及作业轨迹的规划。这是工业机器人控制系统的核心过程。

(3)伺服驱动过程。在这个过程中,控制系统将工业机器人的控制策略转化为驱动信号,驱动伺服电机等部件,实现工业机器人的高速、高精度运动,最后完成指定的作业。

(4)传感与检测过程。在这个过程中,传感器将各种姿态信息反馈到工业机器人控制系统中,以便实时监控整个机器人系统的运行情况。

工业机器人要想顺畅地完成上述控制过程,其控制系统应该具备下述基本功能:

(1)示教功能。工业机器人的控制系统应当能够在线编程、离线编程、在线示教、间接示教。其中,在线示教一般包括示教盒和导引示教两种方式。

(2)记忆功能。工业机器人的控制系统应当能够存储运动路径、运动方式、运动速度、作业顺序和与生产工艺相关的信息。

(3)传感器接口功能。工业机器人的控制系统应当具有位置、速度等检测功能,同时具有力觉、视觉、触觉等功能。

(4)与外围设备联系功能。工业机器人的控制系统应当具备输入和输出接口、网络通信接口以及同步接口等。

(5)位置伺服功能。工业机器人的控制系统应当具有运动控制、速度和加速度控制、动态补偿、多轴联动等功能。

(6)坐标设置功能。工业机器人的控制系统应当具有关节、工具、绝对、用户自定义等四种坐标系。

(7)人-机接口功能。工业机器人的控制系统应当具有示教盒、操作面板和显示屏。

(8)故障诊断安全保护功能。工业机器人的控制系统应当具有运行时系统状态监视、故障状态下的安全保护和故障的自诊断功能。

5.1.2 控制系统的基本组成

工业机器人控制系统的基本组成如图 5-1 所示。各部分的功能与作用如下:

(1)控制计算机。它是工业机器人控制系统的核心机构。一般为微型机、微处理器等,如奔腾系列 CPU 以及其他类型 CPU。

(2)操作面板。它由各种操作按钮和状态指示灯构成,只完成基本的功能操作。

(3)示教盒。它主要用来示教机器人的工作轨迹,以及所有人机交互操作,拥有自己独立的 CPU 以及存储单元,与主计算机之间通过串行通信方式实现信息交互。

(4)数字和模拟量输入输出接口。它主要用于各种状态和控制命令的输入或输出。

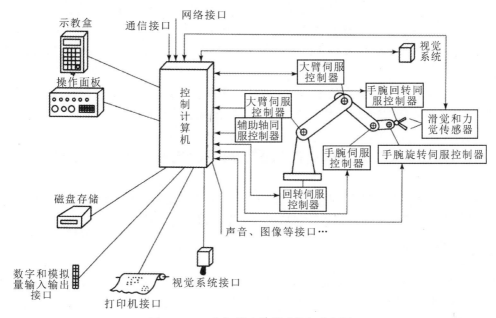

图 5-1　工业机器人控制系统组成框图

(5)轴控制器。它主要用来完成机器人各关节位置、速度和加速度控制。

(6)传感器接口。它主要用于信息的自动检测,实现机器人的柔顺控制,一般接力觉、触觉和视觉传感器。

(7)通信接口。它主要用来实现机器人和其他设备的信息交换,一般有串行接口和并行接口等。

(8)网络接口。网络接口可分成两种:一为 Ethernet 接口,可通过以太网实现数台或单台机器人的直接 PC 通信,支持 TCP/IP 通信协议,数据传输速率高达 10Mb/s,可直接在 PC 上用 Windows 库函数进行应用程序编程,再通过 Ethernet 接口将数据及程序装入各个机器人控制器中;二为 Fieldbus 接口,它支持多种流行的现场总线规格,如 Device net、AB Remote I/O、profibus - DP、Interbus - s、M - NET 等。

(9)磁盘存储。它是用来存储机器人工作程序的外围存储器。

(10)打印机接口。它主要用来记录需要输出的各种信息。

(11)辅助设备控制。它主要用于和机器人配合的辅助设备控制,如手爪变位器等。

5.1.3　控制系统的主要特点

工业机器人控制系统以机器人的单轴或多轴协调运动为控制目的,其控制结构要比一般自动机械的控制结构复杂得多。与一般伺服控制系统或过程控制系统相比,工业机器人的控制系统具有以下 4 个特点:

(1)一般的自动机械以自身的动作为控制重点,而工业机器人控制系统更强调机器人本身与操作对象的相互关系。例如,无论以多高的精度去控制机器人手臂,机器人手臂都要先保证能够稳定物体,并夹持该物体到达目的位置。

(2)工业机器人通常是由多关节组成的一种结构体系,由于机器人各关节间具有耦合作用,因而控制系统也是一个多变量的控制系统。具体表现为:某一个关节的运动会对其他关节产生动力效应,即每一个关节都会受到其他关节运动所产生扰动的影响。

(3)工业机器人控制系统是一个时变系统,其动力学参数会随着机器人关节运动位置的变化而变化。

(4)工业机器人控制系统本质上是一个非线性系统。导致机器人非线性表现的因素很多,例如机器人的结构、所用传动件、驱动件等都会导致系统的非线性。

5.2 工业机器人控制系统的体系架构

工业机器人控制系统的架构形式将直接决定系统控制功能的最后实现形式。目前,工业机器人的控制系统可归纳为分布式控制系统和集中式控制系统。

5.2.1 分布式控制系统

分布式控制系统(Distribute Control System,DCS)的主要宗旨是分散控制、集中管理,即系统对其总体目标和任务可以进行分配和综合协调,并通过子系统的协同工作来完成控制任务。整个系统在物理、功能和逻辑等方面都是分散的,所以 DCS 又称为集散控制系统或分散控制系统。DCS 的优点在于:集中监控和管理,管理和现场分离,管理更加综合化和系统化。由于分散控制,可使控制系统各功能模块的设计、装配、调试、维护等工作相互独立,这分散了系统控制的不稳定性,提高了可靠性,减小了投资;采用网络通信技术,可根据需要增加以微处理器为核心的功能模块,使 DCS 具有良好的开放性、扩展性、升级性。在 DCS 的架构中,子系统是由控制器和不同被控对象或设备构成的,各个子系统之间通过网络相互通信。因此 DCS 为工业机器人提供了一个开放、实时、精确的控制方案。

DCS 一般采用两级控制方式(见图 5 - 2,图中"CRT"为"阴极射线管","D/A"为"数/模"),由上位机、下位机和网络组成。上位机可以进行不同的轨迹规划和运行不同的控制算法,下位机进行控制优化、插补细分等的实现。上位机和下位机通过通信总线相互协调工作,这里的通信总线可以是 RS - 232、RS - 485、EEE - 488 以及通用串行总线(Universal Serial BUS,USB)等。

以太网和现场总线技术的发展为工业机器人提供了快速、稳定、有效的通信手段。尤其是现场总线,它应用于生产现场,在计算机测量控制设备之间实现双向多节点数字通信,从而形成了新型的网络集成式全分布控制系统——现场总线控制系统(Filed bus Control System,FCS)。在工厂生产网络中,把可以通过现场总线连接的设备统称为"现场设备/仪表"。从系统论的角度来说,工业机器人作为工厂的生产设备之一,也可以归纳为现场设备。在工业机器人系统中引入现场总线技术后,更有利于机器人在工业生产环境中的集成。

对于那些运动轴数不多的工业机器人而言,集中式控制系统对各轴之间的耦合关系能够处理得很好,可以十分方便地进行补偿,容易获得好的控制效果。但是,当工业机器人运动轴的数量增加到使控制算法变得过于复杂时,其控制性能会迅速恶化。而且,当工业机器人系统中轴的数量增多或控制算法变得过于复杂时,还可能会导致工业机器人系统需要重新设计。与之相比,在 DCS 中,机器人的每一个运动轴都由一个控制器处理,这意味着系统有较少的轴间耦合和较高的系统重构性,容易获得更好的控制效果。

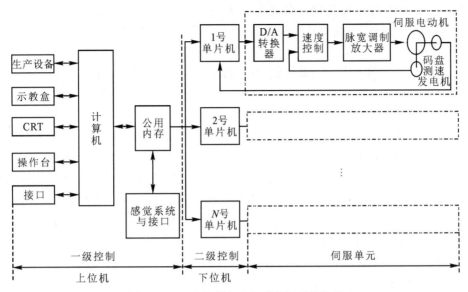

图 5-2　工业机器人分布式控制系统结构

5.2.2　集中式控制系统

集中式控制系统(Centralized Control System,CCS)是利用一台微型计算机实现机器人系统的全部控制功能,在早期的工业机器人中一般采用这种控制系统架构。在基于 PC 的集中式控制系统里,充分利用了 PC 资源开放性的优点,从而实现很好的开放性:控制卡、传感器和设备等都可以通过标准 PCI 插槽或通过标准串口、并口集成到控制系统中,组合起来十分方便。图 5-3 是多关节机器人集中式控制结构的示意图。

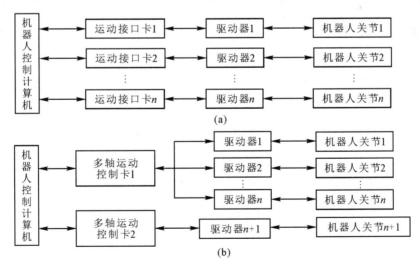

图 5-3　机器人集中式控制系统结构示意图

集中式控制系统的优点:一是硬件成本较低;二是整体性与协调性较好,且基于 PC 的系统硬件扩展较为方便;三是便于信息的采集和分析,易于实现系统的最优控制。但其缺点也显而易见,当系统进行大量数据运算时,会制约系统的实时性,系统对多任务的响应能力也会与系统的实时性相冲突；系统控制缺乏灵活性，容易导致控制危险集中且放大，一旦出现故障，后果严重，影响面广。此外，系统接线比较复杂，这也会降低控制系统的可靠性。

5.3　工业机器人控制策略

5.3.1　控制策略

1954 年，美国科学家 G. C. Dovel 提出关于实现机器自动化的示教-再现（Teaching-Playback）的概念，为工业机器人的诞生奠定了基础。1961 年和 1962 年，美国 Unimation 公司和 AMF 公司将这个概念变成了现实，分别独自制作了世界上第一代工业机器人。

从本质上看，工业机器人是一个十分复杂的多输入、多输出、非线性系统，它具有时变、强耦合和非线性的动力学特征，因而对于它的控制十分困难。由于测量和建模存在误差，再加上负载变化、外部扰动等不确定性因素的影响，人们难以建立工业机器人精确、完整的运动模型。现代工业的快速发展需要高品质的工业机器人为之服务，而高品质的机器人控制必须综合考虑各种不确定性因素的影响，因此工业机器人的非线性和不确定性等特点使得控制策略成了工业机器人研究的重点和难点。

当前，针对多变量、非线性、强耦合以及不确定性的控制特性，提出的工业机器人控制策略主要有如下几种。

1. 鲁棒控制

鲁棒控制（Robust Control）的研究始于 20 世纪 50 年代。1981 年，G. Zames 发表的著名论文可以看成是现代鲁棒控制，特别是 H∞ 控制的先驱。H∞ 控制理论是 20 世纪 80 年代开始兴起的一门新的现代控制理论，它是为了改变近代控制理论过于数学化的倾向以适应工程实际的需要而诞生的，其设计思想的精髓是对系统的频域特性进行整形（loop shaping），而这种通过调整系统频率域特性来获得预期特性的方法，正是工程技术人员所熟悉的技术手段，也是经典控制理论的根本。在该篇论文里，Zames 首次用明确的数学语言描述了 H∞ 优化控制理论，他提出用传递函数阵的 H∞ 范数来记述优化指标。1984 年，Fracis 和 Zames 用古典的函数插值理论提出了 H∞ 设计问题的最初解法，同时基于算子理论等现代数学工具，这种解法很快被推广到一般的多变量系统，而学者 Glover 则将 H∞ 设计问题归纳为函数逼近问题，并用 Hankel 算子理论给出了这个问题的解析解。1988 年，Doyle 等人在全美控制年会上发表了著名的 DGKF 论文，证明 H∞ 设计问题的解可以通过适当的代数 Riccati 方程得到。DGKF 的论文标志着 H∞ 控制理论的成熟。迄今为止，H∞ 设计方法主要是 DGKF 等人的解法。不仅如此，这些设计理论的开发者还同美国 The Math Works 公司合作，开发了 MATLAB 中鲁棒控制软件工具箱（Robust Control Toolbox），使 H∞ 控制理论真正具有工程价值。

2. 智能控制

1977 年，学者萨里迪斯首次提出了分层递阶的智能控制结构。整个控制结构由上往下分为组织级、协调级和执行级三个层级。其控制精度由下往上逐级递减，而智能程度则由下往上逐级增加。根据机器人的任务分解，在面向设备的基础级即执行级上可以采用常规的自动控制技术，如 PID（比例积分微分）控制、反馈控制等。在协调级和组织级，因存在着不确定性，控制模型往往无法建立或建立的模型不够精确,无法取得良好的控制效果。因此,需要采用智能控制方法,如模糊控制、神经网络控制、专家控制或集成智能控制。

3. 自适应控制

20 世纪 40 年代末,学者们开始研究与讨论控制器参数的自动调节问题,人们用自适应控制来描述控制器对过程的静态和动态参数的调节能力。自适应控制的方法就是在运行过程中不断测量受控对象的特性,并根据测得的特征信息使控制系统按最新的特性实现闭环最优控制。从根本上来看,自适应控制能认识环境的变化,并能自动改变控制器的参数和结构,自动调整控制作用,以保证系统达到满意的控制效果。自适应控制不是一般的系统状态反馈或系统输出反馈控制,而是一种比较复杂的反馈控制,实时性要求十分严格,实现起来比较复杂。特别是当系统存在非参数不确定性时,自适应控制难以保证系统的稳定性。即使对于线性定常的控制对象,其自适应控制也是用非线性时变反馈控制的。

4. 模糊控制

模糊逻辑控制(Fuzzy Logic Control)简称"模糊控制"(Fuzzy Control),它是一种以模糊集合论、模糊语言变量和模糊逻辑推理为基础的计算机数字控制技术。1965 年,美国控制论学者 L. A. Zadeh 创立了模糊集合论;1973 年,他给出了模糊逻辑控制的定义和相关定理。1974 年,学者 E. H. Mamdani 首次根据模糊控制语句组成模糊控制器,并将它用于锅炉和蒸汽机的控制,获得了成功。这一开拓性的工作标志着模糊控制论的诞生。

在传统控制领域里,控制系统动态模式的精确与否是影响控制效果优劣的关键因素,系统动态信息越详细,越能达到精确控制的目的。然而,对于一些复杂系统,由于变量太多,往往难以正确描述系统的动态特征,于是人们便利用各种方法来简化系统动态特征,以达到控制的目的,但往往结果不理想。换言之,传统的控制理论对于明确系统有很好的控制能力,但对于复杂或难以精确描述的系统则控制能力有限。因此人们便尝试着用模糊数学来处理这些控制问题。模糊控制实质上是一种非线性控制,从属于智能控制的范畴。模糊控制的特点是既有系统化的理论,又有大量的实际应用背景。模糊控制的发展最初在西方遇到了较大的阻力,然而在东方尤其在日本得到了迅速而广泛的推广和应用。近 20 年来,模糊控制不论在理论上还是技术上都有了长足的进步,成为自动控制领域一个非常活跃而又应用广泛的分支,其典型应用涉及生产和生活的许多方面。例如,在家用电器设备领域中有模糊洗衣机、空调、微波炉、吸尘器、照相机和摄录机等;在工业控制领域中有水净化处理、发酵过程、化学反应釜、水泥窑炉等;在专用系统和其他方面有地铁靠站停车、汽车驾驶、电梯和自动扶梯、蒸汽引擎以及机器人的模糊控制;等等。

一般说来,模糊控制器主要包括以下四部分:

(1)模糊化。其主要作用是选定模糊控制器的输入量,并将其转换为系统可识别的模糊量,具体又包含以下三步:第一,对输入量进行满足模糊控制需求的处理;第二,对输入量进行尺度变换;第三,确定各输入量的模糊语言取值和相应的隶属度函数。

(2)规则库。根据人类专家的经验建立模糊规则库。模糊规则库包含众多的控制规则,这是从实际控制经验过渡到模糊控制器的关键步骤。

(3)模糊推理。其主要作用是实现基于知识的推理决策。

(4)解模糊。其主要作用是将推理得到的控制量转化为控制输出。

实际上,"模糊"是人类感知万物,获取知识,进行思维推理,决策实施的重要特征。"模糊"比"清晰"拥有的信息量更大,内涵更丰富,更符合客观世界。

5. 神经网络控制

神经网络控制是指在控制系统中,应用神经网络技术,对难以精确建模的复杂非线性对象进行神经网络模型辨识,或作为控制器,或进行优化计算,或进行推理处置,或进行故障诊断,或同时兼有上述多种功能。

神经网络是由许多具有并行运算功能的、简单的信息处理单元(人工神经元)相互连接组成的网络,它是在现代神经生物学和认识科学对人类信息处理研究的基础上提出的,具有很强的自适应性和学习能力、非线性映射能力、鲁棒性和容错能力。充分地将这些神经网络特性应用于控制领域,可使控制系统的智能化水平显著提高。

神经网络控制模型建立后,在输入状态信息不完备的情况下,也能快速做出反应,进行模型辨识,这对于工业机器人的智能控制来说是十分理想的。由于神经网络系统具有快速并行处理运算能力、很强的容错性和自适应学习能力的特点,因此神经网络控制主要用于处理传统技术不能解决的复杂的非线性、不确定、不确知系统的控制问题。

常见的神经网络控制结构如下:

(1)参数估计自适应控制系统;

(2)内模控制系统;

(3)预测控制系统;

(4)模型参考自适应控制系统;

(5)变结构控制系统。

需要指出的是,神经网络控制存在自学习的问题,当环境发生变化时,原来的映射关系不再适用,需要重新训练网络。神经网络控制目前还没有一个比较系统的方法来确定网络的层数和每层的节点数,仍然需要依靠经验和试凑方式来解决。

6. 变结构控制

20 世纪 60 年代,苏联学者 Emelyanov 提出了变结构控制的构想。20 世纪 70 年代以来,变结构控制的构想经过 Utkin、Itkis 及其他学者的传播和研究,历经 40 多年的发展与完善,已在国际范围内得到广泛重视,形成了一门相对独立的控制研究分支。

变结构控制方法对于系统参数的时变规律、非线性程度以及外界干扰等不需要精确的数学模型,只要知道它们的变化范围,就能对系统进行精确的轨迹跟踪控制。变结构控制方法设计过程本身就是一种解耦过程,因此在多输入、多输出系统中,多个控制器的设计可按各自的独立系统进行,其参数选择也不是十分严格。应当指出的是,变结构控制本身的不连续性,以及控制器频繁的切换动作有可能造成跟踪误差在零点附近产生抖动现象,而不能收敛于零,这种抖动轻则会引起机器人执行部件的机械磨损,重则会激励高频动态响应,特别是在考虑到连杆柔性的时候,容易使控制失效。

5.3.2 控制方式

根据分类方法的不同,工业机器人的控制方式也有所不同。从总体上来看,工业机器人的控制方式可以分为动作控制方式和示教控制方式。但若按被控对象来分,则工业机器人的控制方式通常分为位置控制、速度控制、力（力矩）控制、力和位置混合控制等,图 5-4 表示了工业机器人控制方式常用的分类方法及其结果。

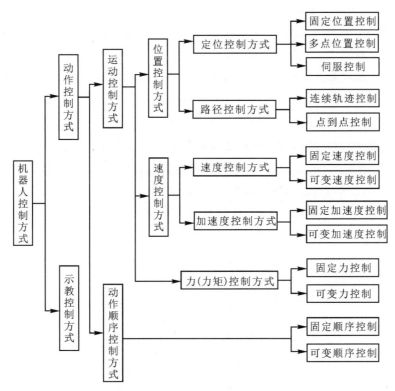

图 5-4　工业机器人控制方式分类示意图

5.3.3　工业机器人的动作控制方式

1. 位置控制

工业机器人的位置控制可分为点位（Point To Point,PTP）控制和连续轨迹（Continuous Path,CP）控制两种方式（见图 5-5）,其目的是使机器人各关节实现预先规划的运动,保证工业机器人的末端执行器能够沿预定的轨迹可靠运动。

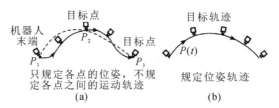

图 5-5　机器人的点位控制与连续轨迹控制

PTP 控制要求工业机器人末端执行器以一定的姿态尽快而无超调地实现相邻点之间的运动,但对相邻点之间的运动轨迹不做具体要求,其主要技术指标是定位精度和运动速度。那些从事在印刷电路板上安插元件、点焊、搬运及上/下料等作业的工业机器人,采用的都是

PTP 控制方式。

CP 控制要求工业机器人末端执行器沿预定的轨迹运动,即可在运动轨迹上任意特定数量的点处停留。这种控制方式将机器人运动轨迹分解成插补点序列,然后在这些点之间依次进行位置控制,点与点之间的轨迹通常采用直线、圆弧或其他曲线进行插补。由于要在各个插补点上进行连续的位置控制,所以可能会在运动过程中发生抖动。实际上,由于机器人控制器的控制周期为几毫秒到 30ms 之间,时间很短,可以近似认为运动轨迹是平滑连续的。

在工业机器人的实际控制中,通常是利用插补点之间的增量和雅可比逆矩阵求出各关节的分增量,对各电动机再按照分增量进行位置控制。

2. 速度控制

工业机器人在进行位置控制的同时,有时候还需要进行速度控制,使机器人按照给定的指令,控制运动部件的速度,实现加速、减速等一系列转换,以满足运动平稳,定位准确等要求。这就如同人的抓举过程,要经历髋拉、高抓、支撑蹲、抓举等一系列动作一样,不可一蹴而就,从而以最精简省力的方式,将目标物平稳、快速地托举至指定位置。为了实现这一要求,机器人的行程要遵循一定的速度变化曲线,图 5-6 为机器人行程的速度-时间曲线。

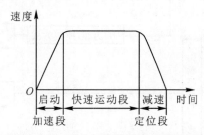

图 5-6 机器人行程的速度-时间曲线

3. 力(力矩)控制

对于从事喷漆、点焊、搬运等作业的工业机器人,一般只要求其末端执行器(喷枪、焊枪、手爪等)沿某一预定轨迹运动,运动过程中机器人的末端执行器始终不与外界任何物体相接触,这时只需对机器人进行位置控制即可完成预定作业任务。而对那些应用于装配、加工、抛光、抓取物体等作业的机器人来说,工作过程中要求其手爪与作业对象接触,并保持一定的压力。因此对于这类机器人,除了要求准确定位之外,还要求控制机器人手部的作用力或力矩,这时就必须采取力或力矩控制方式。力(力矩)控制是对位置控制的补充,控制原理与位置伺服控制的原理基本相同,只不过输入量和反馈量不是位置信号,而是力(力矩)信号,因此,机器人系统中必须装有力传感器。

在工业机器人领域,比较常用的力(力矩)控制方法有刚性控制、力/位置混合控制、柔顺控制和阻抗控制四种。力(力矩)控制的最佳方案是以独立的形式同时控制力和位置,通常采用力/位置混合控制。工业机器人要想实现可靠的力(力矩)控制,需要有力传感器的介入,大多情况下使用六维(三个力、三个力矩)力传感器。由此就有如下三种力控制系统组成方案:

(1)以广义力控制为基础的力控制系统。以广义力控制为基础的力控制方式是在力闭环的基础上再加上位置闭环。通过传感器检测机器人手部的位移,经过力/位置变换环节转换为输入力,再与力的设定值合成之后作为力控制的给定量。这种控制方式构成的控制系统如图

5-7 所示。该控制方式的特点在于可以避免小的位移变化引起过大的力变化,对机器人手部具有保护作用。图 5-7 中 P_c、Q_c 分别为操作对象的位置和机器人手部的输出力。

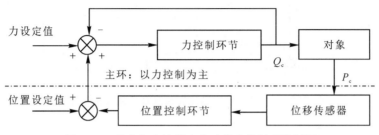

图 5-7　以广义力控制为基础的力控制系统框图

　　(2)以位置控制为基础的力/位置混合控制系统。工业机器人在从事装配、抛光、轮廓跟踪等作业时,要求其末端执行器与工件之间建立并保持接触。为了成功进行这些作业,必须使机器人同时具备控制其末端执行器和接触力的能力。目前正在使用的大多数工业机器人基本上都是一种刚性的位置伺服机构,具有很高的位置跟踪精度,但它们一般都不具备力控制能力,缺乏对外部作用力的适应性,这一点极大限制了工业机器人的应用范围。因此,研究适用于位置控制机器人的力控制方法具有很高的实用价值。以位置控制为基础的力/位置混合控制系统的基本思想是当工业机器人的末端执行器与工件发生接触时,其末端执行器的坐标空间可以分解成对应于位置控制方向和力控制方向的两个正交子空间,通过在相应的子空间分别进行位置控制和接触力控制以达到柔顺运动的目的。这是一种直观而概念清晰的解决方案。但由于控制的成功与否取决于对任务的精确分解和基于该分解的控制器结构的正确切换,因此力/位置混合控制方法必须对环境约束作精确建模,而对未知约束环境则无法应用该方法。

　　力/位置混合控制系统由两大部分组成,分别为位置控制部分和力控制部分,其系统框图如图 5-8 所示。

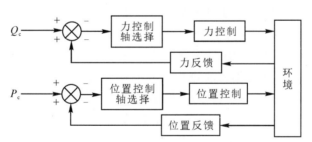

图 5-8　以位控为基础的力/位置混合控制系统框图

　　(3)以位移控制为基础的力控制系统。以位移控制为基础的力控制方式,是在位置闭环之外再加上一个力的闭环。在这种控制方式中,力传感器检测输出力,并与设定的力目标值进行比较,力值的误差经过力/位移变化环节转换成目标位移,参与位移控制。这种控制方式构成的控制系统如图 5-9 所示。

　　图 5-9 中 P_s、Q_s 分别为机器人的手部位移和操作对象的输出力。需要指出的是,以位移为基础的力控制很难使力和位移都得到令人满意的结果。在采用这种控制方式时,要设计好工业机器人手部的刚度,如刚度过大,微小的位移都可能导致很大的力变化,严重时会导致机器人手部的破坏。

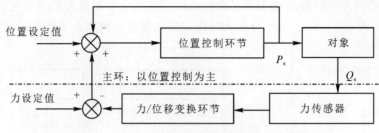

图 5-9　以位移控制为基础的力控制系统框图

5.3.4　示教-再现控制方式

示教-再现控制是工业机器人的一种主流控制方式。为了让工业机器人完成某种作业,首先由操作者对机器人进行示教,即教机器人如何去做。在示教过程中,机器人将作业时的运动速度、位置、顺序等信息存储起来。在执行生产任务时,机器人可以根据这些存储的信息再现示教的动作内容。

示教分为直接示教和间接示教两种,具体如下。

1. 直接示教

该示教方式是操作者使用安装在工业机器人手臂末端的操作杆(Joystick),按给定运动顺序示教动作内容,机器人自动把作业时的运动顺序、位置和时间等数值记录在存储器中,生产时再依次读出存储的信息,重复示教的动作过程。采用这种方法通常只能对位置和作业指令进行示教,而运动速度需要通过其他方法来确定。

2. 间接示教

该示教方式是采用示教盒进行示教。操作者通过示教盒上的按键操纵完成空间作业轨迹点及有关速度等信息的示教,然后通过操作盘用机器人语言进行用户工作程序的编辑,并存储在示教数据区。再现时,控制系统自动逐条取出示教命令与位置数据,进行解读、运算并作出判断,将各种控制信号送到相应的驱动系统或端口,使机器人忠实地再现示教动作。

采用示教-再现控制方式时不需要进行矩阵的逆变换,也不存在绝对位置控制精度的问题。该方式是一种适用性很强的控制方式,但是需由操作者进行手工示教,要花费大量的精力和时间。特别是在因产品变更导致生产线变化时,要进行的示教工作十分繁重。现在人们通常采用离线示教法(Off-line Teaching),即脱离实际作业环境生成示教数据,间接地对机器人进行示教,而不用面对实际作业的机器人直接进行示教。

5.4　工业机器人控制系统的软件部分

5.4.1　控制系统软件框架

工业机器人的控制软件主要包括运动轨迹规划算法和关节伺服控制算法及相应的动作程序。它们可以用任何语言来编制,但工业机器人专用软件逐渐成为工业机器人控制软件的主流,这种语言采用通用语言模块化思想和方法编制而成的。

工业机器人之所以成为柔性制造系统(Flexible Manufacture System,FMS)和计算机集成制造系统(Computer Integrated Manufactuning Systems,CIMS)等的重要组成部分与基本应用工具,主要原因是工业机器人的运动轨迹、作业条件和作业顺序能自由变更,能满足柔性制造系统的需要。而工业机器人上述三项基本功能得以充分发挥的实际程度则取决于系统软件的水平。

工业机器人的作业流程与软件功能如图 5-10 所示(图中"I/O"为"输入/输出")。在工作中,工业机器人按照操作者所教动作及有关要求进行作业,操作者可以根据作业结果对目标值或作业条件进行修正,直至完全满足工艺要求为止。因此,软件系统的基本功能可以归纳如下:

(1)示教信息的输入,即为满足作业条件而进行的用户工作程序编辑、修正和人-机对话过程;

(2)对工业机器人本体及外部设备各相关动作的控制;

(3)机器人末端执行器轨迹的在线修正;

(4)对实时安全系统相关动作和功能的控制。

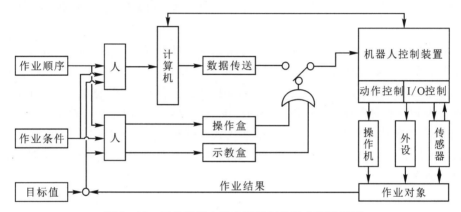

图 5-10　工业机器人作业流程与软件功能示意图

工业机器人控制系统软件设计工作的一个突出特点就是其开发往住一次完成,并且开发完成之后,软件要么固化在 PROM、EPROM 上,要么由系统从盘上引导到内存。但只要开始运行,就要运行相当长时间,有些软件甚至要运行到设备报废为止。

在工业机器人领域,控制系统的软件按其复杂程度可以分为单任务结构和多任务结构两种。单任务结构系统一般功能单一,整个控制系统中仅有一个任务(在这里就是程序)在运行。这种控制系统所能完成的功能是预先安排好的。但有时为了适应一些简单的、不可预先知道发生时间的事件,也可引入一个或几个简单的中断处理程序。多任务结构系统往往比较复杂,系统并行运行着几个任务,分别处理不同的事件。多个任务会以某种方式分时占用 CPU。由于这类系统软件的开发和设计比较复杂,往往由多人协同完成。在此将对这种系统软件的结构作比较详细的分析。

1.单任务软件结构

(1)单任务查询式软件结构。

单任务查询式软件结构就是系统中只有一个程序且按事先排好的顺序执行。例如,控制一个简单电子秤运行的微处理机系统软件就是一种单任务查询结构。如果该电子秤只是用来称重并显示称量结果,则其工作步骤可由图 5-11 所示流程图表示。该电子秤的工作十分简单。假设它由电池供电,微处理机系统只有一个电源开关,合上电源,微处理机就开始巡检秤盘下的传感器,判断该传感器的称量值是否超过最大量程。如果超出最大量程,那么,在数码管显示器上显示出"××××"或别的超限标志。如果没有超过最大量程,则将输入的模拟量转换成数字量,再变成相应的计量单位对应值,显示在数码管显示器上。显示完成之后,微处理机又回到巡检状态。只要不关闭电源开关,它就周而复始地循环工作。

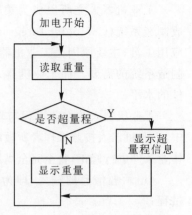

图 5-11 简单电子秤的工作流程图

在该例中,微处理机(大多是单片机)要处理的查询、显示等工作,完全是预先安排好的,不可更改。这种查询式执行结构的软件其特点是结构简单、功能确定、调试方便。它不仅适合专用的小型微机控制系统,甚至也可以完成相当复杂的工作,但其实时性不强。这是因为在系统中每一功能的优先级都是一样的。

在大多数情况下,这种单任务查询式结构用在单片机控制的专用系统中,如智能仪表和家用电器等小型设备。这种系统的软件通常固化在只读存储器 ROM 里。人们在普通计算机上也可以应用这种程序结构来设计较为复杂的应用系统。例如在实验室里,人们可以用一台普通 PC(或工业 PC)来完成对一个反应过程的温度或压力等参数的监测与控制。

(2)单任务中断式软件结构。单任务中断式软件结构如图 5-12 所示。在实际应用中,绝大多数的工业控制计算机应用软件都利用中断技术进行实时控制。特别是在实时性要求较强的应用中更是离不开中断技术。

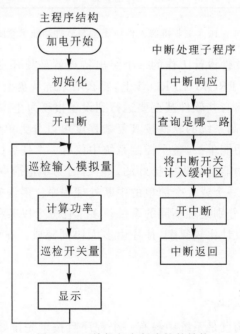

图 5-12 单任务中断式软件结构

利用中断可以实现紧急事件的处理,从而增强了控制的实时性。

2. 实时多任务软件结构

在工业机器人控制系统中,为了实现对作业任务的实时处理,往往需要一个实时多任务操作系统。实时操作系统的大小和复杂程度差别很大,这和系统的应用特性有关。最简单的情况是开发或购买一个简单的监控程序,用来支持简单的 I/O 操作,通过一些简单的命令来控制 CPU 的执行并协助调试软件。一个实时执行程序包括实时多任务处理能力,并支持任务之间的信息交换以及诸如时间管理、任务管理等功能。一个完整的实时多任务操作系统除了必须具备一个实时多任务核心执行程序之外,还要包括文件管理系统。

实时多任务操作系统与开发通用软件所用的操作系统如 PC - DPS、UNIX 等的最大区别在于实时多任务的执行核心。在设计和开发实时应用软件时,一般要用到很多实时多任务执行核心的系统调用命令。

实时多任务系统的关键概念是任务,也叫进程。任务的概念是由多道程序的并行操作而引入的。设计软件时,一个简单的程序往往就由一个程序段组成,而一个复杂的应用程序通常由若干程序段或子程序所组成。程序各个部分的执行顺序是预先确定的。把程序调入计算机开始执行,每次执行一个操作,只有前一个操作完成之后,才进行后边的操作。例如,编写一个计算一元二次方程求解的程序,编好之后输入计算机,进行编译,然后启动。假定程序的执行过程如下:

(1)先输入方程的三个常数系数 a、b、c,按"回车"键执行;

(2)计算方程的根;

(3)显示结果;

(4)回到(1),输入另一组系数。

由上边的例子可以看出,一个程序的顺序执行具有以下几个特点:程序的执行完全按顺序来完成;程序在执行中独占机器资源;程序的执行结果与执行速度无关;程序的执行结果(方程的根)只与初始条件(输入的系数)有关。所以说,上述程序的执行具有封闭性和可再现性。所谓封闭性是指程序一旦开始运行,就不再受外界因素的影响;而可再现性是指当该程序重复执行时,只要初始条件相同,必将获得相同的结果。

为了提高计算机硬件的利用率和增强系统的处理能力,人们在操作系统中引入了并行处理的概念,即在系统中有若干程序在同时运行。并行处理使得即使是一个单 CPU 系统,都能同时运行几个程序,就好像每个程序都有自己的一个单独 CPU 在执行。

在多任务操作系统中,任务是一个可以与其他操作(功能)并行执行的操作,它有以下几个基本特征:

(1)动态特征。任务是程序的一次执行过程,装入处理机即处于可执行状态。

(2)并行特征。任务是可以和别的操作(任务)并行进行的操作过程。

(3)独立特征。任务是多任务系统中运行的基本单元,也是操作系统进行调度的基本单元。

(4)结构特征。任务一般由代码段(程序段)、数据段和堆栈段构成,并且每一任务对应一个任务控制块(TCB)为系统所用。

(5)异步特征。异步特征是指任务按照各自独立的不可预知的速度向前推进。由于任务具有该特征,系统必须为它们提供某些设施,使任务间能协调操作和共享资源。

一般说来,单任务(或单程序)结构的软件只适用于功能非常简单的系统,而对绝大多数的工业机器人控制系统来说,其软件的结构要复杂得多,因而应用软件的开发和设计工作也困难得多。对一个真正的工业机器人控制系统来说,用户要求其完成的功能是多种多样的,而且各种功能的性能也因所控制的对象不同而千差万别。可以根据控制程度将系统分为以下几类:

(1)数据采集监视系统(Data Acquisition System,DAS);

(2)数据采集和监控系统(Supervisory Control And Data Acquisition,SCADA);

(3)闭环控制系统(Closed - Loop Control System,CLCS)。

以上三个级别的系统中,后一级的功能一般包括上一级的功能。

数据采集监视系统通常完成工业过程中的各种物理量的采集、报警检测、过程显示、报表管理和打印、趋势显示、历史数据存储以及部分管理功能。

数据采集和监控系统除了完成上述功能,还提供一些控制运算,产生优化控制结果,为操作员进行合理的控制提供依据。因此可将这种工作系统理解为优化运算指导下的控制系统。

闭环控制系统则是计算机直接根据各种现场输入和操作工输入的给定值计算出相应的控制输出量,并利用输出通道输出给执行机构,进行直接数字控制。由于组成闭环控制系统的任何部分出现故障都会直接影响到装置的运行,因而此类控制系统一般都采取一定的冗余或备份措施。

为了适应不同的用户或生产过程,通用型机器人控制系统一般应具备以下功能:

(1)数据表达(实时数据结构)功能;

(2)历史数据管理功能;

(3)连续控制功能;

(4)过程画面显示与管理功能;

(5)报警信息管理功能;

(6)报警检测过程的数据输入/输出功能;

(7)操作员与过程的作用(人-机接口)功能;

(8)参数列表管理功能;

(9)优化控制或专家系统功能;

(10)各种通信功能;

(11)生产记录报表管理与打印功能。

并不是每一个工业机器人控制系统都必需上述各种功能,对于一般的聚中式结构的工业机器人数据采集或控制系统而言,上述的通信功能就非必要,而对于数据采集的监视管理系统,上述列举的各种控制功能也非必要。

5.4.2 控制系统软件平台的搭建

大部分单任务软件都应用于微小型计算机系统中,这些程序往往都固化在系统里,为降低成本并提高可靠性,这些系统通常都不用操作系统。这就需要一个软件开发系统来完成软件的开发、研制工作。其最基本功能是输入和调试软件,一般由以下部分组成:

(1)软件开发所需要的外设,如显示器、键盘、打印机、磁盘等;

(2)支持开发系统软件的操作系统;

（3）用来输入、编辑和存储程序的支持软件；

（4）用来编译成汇编程序的软件；

（5）用来连接目标模块，生成下载模块的支持软件，以及把软件下载到目标机存储器的支撑软件和硬件；

（6）调试程序的支撑软件和硬件。

现对以上各个部分进行分别介绍。

（1）外设。虽然软件开发系统所需配置差别很大，但有的外设是必不可少的。例如：显示器和键盘，可用于程序的输入和编辑，以及显示等；磁盘，可用于永久保存程序代码和目标代码以及存储支持软件；行式打印机，可用于打印程序列表和各种文档。

（2）操作系统。操作系统是开发系统软件的重要基础，它作用于用户和系统硬件及软件之间，用来控制打印机、显示器、磁盘存储器。一般开发系统都具有文件管理功能。人们熟知的 MS－DOS 操作系统也常用作开发系统的操作系统。

（3）编辑器。编辑器可用来产生数据并形成文件，它允许用户从终端上输入数据（文本），并可根据需要对该数据进行修改。常见的编辑器有下列三种：

1）行编辑器（如 EDLIN）；

2）屏幕编辑器（如 WordStar、AEdit、PeEit 等）；

3）语言编辑器（如 Quick C、Turbo C 的编辑器）。

（4）软件完成。编辑完的软件要经过编译或汇编形成目标文件，目标模块经过连接形成执行代码，而执行代码经过再定位才可以下载或固化。

（5）下载。这种开发系统与被调试的目标系统以一定的方式连接在一起。大多数的开发系统与目标系统是通过串行接口连接起来的，也有少数是以总线的形式相连的。在串行接口方式下，执行目标代码被串行下载到目标系统。为了接受这些代码，在目标系统上须固化一个监控程序。该监控程序控制程序的接收，并把它存入目标系统 RAM 中的指定位置。

有些目标系统不具备接收开发系统程序的软件和设施。这样，就必须将程序固化到目标系统的 EPROM 中才能调试。开发系统通常含有一个 EPROM 写入器。如果利用通用的操作系统环境，如 PC 环境来开发软件，那么，还要利用单独的 EPROM 写入器来完成程序的固化。把写好的片子插到目标系统板上就完成了程序从开发系统到目标系统的转移。

下面介绍工业机器人软件平台的操作系统。该操作系统是一组程序的集合，用来控制计算机系统中用户程序的执行次序，为用户程序与系统硬件提供接口软件，并允许这些程序（包括系统程序和用户程序）之间交换信息。用户程序，也称为应用程序，一般设计成能够完成某些应用功能。在实时工业计算机系统中，应用程序是人们在功能规范中所规定的功能。而操作系统则是控制计算机自身运行的系统软件。

1. 用于系统开发的操作系统

任何开发系统都必须拥有一个能够支持应用软件开发所需工具软件的操作系统，如编辑器、编译程序以及汇编器等。由于磁盘存储器是开发系统的必要外设，因此操作系统通常又称为磁盘操作系统（Disk Operating System，DOS）。该操作系统还需一些常用外设，如显示器、打印机等提供驱动软件。此外，它还支持一些更为专用的外设，如仿真器或 EPROM 写入器，或提供串行接口以连接 EPROM 写入器。图 5－13 是一个典型的开发系统结构。

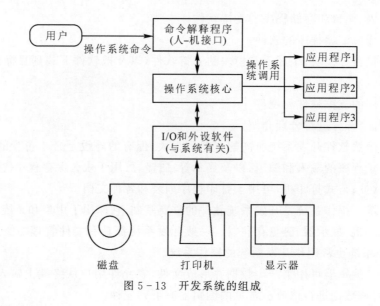

图 5-13　开发系统的组成

2. 操作系统的基本组成

操作系统通常由三个部分组成,即命令解释程序[command interpreter,又叫人-机接口(man-machine interface)]、系统核心(nucleus 或 kernel)和一系列的 I/O 设备驱动程序(I/O device drivers)。其中,命令解释程序是一个允许向操作系统发出命令的程序,它用来接收用户命令并加以翻译和控制执行。例如,用户可以通过它来控制操作系统,并利用它在磁盘上查到某一应用程序,然后把程序调入内存,且把执行权交给该程序。命令解释程序和应用程序可以向操作系统核心发出调用命令,以完成一些与系统和 I/O 有关的操作。一个系统调用命令基本上就是一个子程序调用(或中断子程序调用),它通过一个参数块告知操作系统核心所请求的功能。操作系统核心为计算机硬件和在其上运行的软件提供了一个逻辑接口。对于一个在计算机上运行的应用程序来说,磁盘管理系统就如同一个文件管理系统,人们只需知道文件的名称、大小等信息,而无须知道数据在磁盘某些磁道上的具体存储方式,就可以实现对文件的读、写。操作系统的最后一个组成部分是 I/O 设备驱动软件,这些软件具体控制各种外部设备。因此,这些软件与外设和计算机具体接口的控制形式有关。如果说操作系统的命令解释程序和核心都可以适用于不同的计算机的话,那么,I/O 驱动部分则是每一系统专用的。核心通过调用 I/O 驱动软件来访问 I/O 硬件。

3. 操作系统的功能软件

操作系统提供的功能软件与其应用领域和所应用的计算机系统有关。对于那些配有磁盘存储器(如软盘或硬盘)的计算机系统来说,其操作系统一般叫作磁盘操作系统。它们为用户和用户程序提供了文件系统。文件系统隐含了访问磁盘等外存中的硬件操作,用户程序可以调用操作系统来建立一个称为文件的逻辑结构,为该文件指定一个名称,并从文件中读取数据或存入数据。各种操作系统对文件中的处理不尽相同,而且对每个文件所保存的索引信息也差别很大。有的系统只有一级索引结构,而有的复杂系统则有几级索引结构。例如,在 PC-DOS 中,要将一段内存中的数据写入硬盘中的一个文件保留,那么只要填好参数块,发一个打开文件的 DOS 调用,或创建文件调用,接着发一个写入文件调用,就可以将数据写入文件。写完后再发一个关闭文件调用就可以完成文件操作了。文件管理系统是磁盘操作系统必不可少的部分,而且文件管理系统在操作系统中往往占据比较大的空间。用户对操作系统的这部分内容一般不作修改,只进行应用。

操作系统的另一个通用功能是逻辑 I/O 功能。应用程序调用操作系统来完成逻辑 I/O 操作,它们可以完全摆脱具体的设备操作。例如,一个应用程序要把一批输出数据送到控制台上,实际的控制台可能是一台显示器终端、一台打印机或其他设备。这对用户程序来说没有实质的区别,只是逻辑 I/O 地址号不同而已。

4. 实时多任务操作系统

支持并行处理任务的操作系统称为多任务操作系统。实时多任务操作系统除了支持并行处理多任务外,还要具有实时处理能力,所以它应具备以下几个特征:

(1)能够快速进行异步事件响应:实时系统为了能在系统要求的时间内响应异步的外部事件,要求有异步 I/O 和中断处理能力。

(2)能够保证切换时间:当紧急事件发生时,实时操作系统必须在一特定时间范围内立即为紧急任务服务。切换时间是任务之间切换所需的时间。花费时间的多少主要由操作系统保存处理机状态和寄存器内容以及中断服务后返回处理先前任务所需的时间决定。

(3)能够保证中断等待时间:它是最重要的实时任务度量。中断等待时间是系统应答最高优先级中断并调度某一任务以对其服务所可能需要的最长时间。这一时间并不确定,它与操作系统所用的 CPU、主频以及中断处理方式有关。

(4)能够进行优先级中断和调度:实时操作系统必须允许用户定义中断优先级和调度任务的优先级以及指定如何处理中断,以保证比较重要的任务能在允许的时间内被调度,而不必考虑其他系统事件。

(5)能够实现抢占式调度:为了保证响应时间,实时操作系统必须允许高优先级任务抢占低优先级任务而进入运行状态。

(6)能够保证同步:实时操作系统要提高同步和协调共享数据的使用效率,提高执行效率。

在实时多任务操作系统里,任务的状态大致分为就绪状态、运行状态、睡眠状态、挂起状态和挂起睡眠状态,状态之间可以根据一定规则进行相互转化,其中:

(1)任务由不存在而创建进入就绪状态。

(2)任务变成就绪链中的最高优先级任务,经任务调度进入运行状态。

(3)执行中的任务被更高优先级的任务抢占,退回就绪状态。

(4)执行中的任务发出睡眠调用或等待交换信息而进入睡眠状态。

(5)睡眠中的任务在睡眠时间已到,或等待的事件信息已到,则进入就绪状态。

(6)运行中的任务通过调用挂起命令而使自己进入挂起状态。

(7)任务被另外运行着的任务挂起。如果被挂起的任务原来处于就绪状态,则执行着的任务通过挂起调用可以使它进入挂起状态;如果要被挂起的任务原来处于睡眠状态,则通过挂起调用可以使其进入挂起睡眠状态。

(8)已处于挂起状态的任务又被另一处于运行状态的任务挂起,则其挂起深度加"1";反之,已处于挂起状态的任务被另一处于运行状态的任务解挂,则其挂起深度减"1",但挂起深度还未减至"0"。已处于睡眠状态的任务服从同样的规则。

(9)处于挂起状态的任务被处于运行状态的任务解挂而且挂起深度降为"0",则进入就绪状态。

(10)任务被删除而不复存在。

上面介绍了任务的状态,以及状态的转移。这些状态的转移是通过一个称为调度程序(Schedular)的执行机构来完成的。调度程序接收操作系统的中断,此外它还接收处于运行状态的任务所发生的操作系统调用。

图 5-14 所示为一个简单调度程序的结构示意图,由图可见,调度程序在其参数区保留着挂起任务链、睡眠任务链、挂起睡眠任务链和就绪任务链。调度程序完成任务切换工作,即停止运行状态的任务,并启动就绪任务链中的最高优先级任务,这样一个处于运行状态的任务将继续运行直到发生下列情况之一:

(1)该任务发出一个等待事件调用,它将处于挂起等待状态,直到有事件到达。

(2)该任务发出一个调用,请求一个不存在的资源(如内存、I/O 等),那么该任务也被挂在挂起任务链中。

(3)该任务发出系统调用请求调度,进入延时状态,该任务将被挂在就绪任务链上或挂起任务链上,这主要取决于它是否需要马上再进入运行状态。

(4)该任务被一个更高优先级的任务抢占调度,使其挂在就绪任务链上。

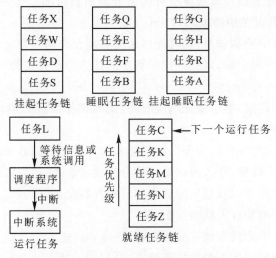

图 5-14　调度程序结构示意图

只要上述情况之一发生,调度程序就必须从就绪任务链中选择一个任务并启动它。大部分商品化的实时多任务操作系统除了支持前面所阐述的功能外,还在不同程度上支持以下一些功能:

(1)内存管理功能。内存管理的主要责任是管理在系统引导之后自由存储空间的分配和回收,并规定每个任务的访问空间,防止任务访问到另一任务的私有空间而破坏其数据结构。

(2)中断管理功能。中断是实时操作系统的一个核心概念。外部事件是随机产生的,对于那些需要 CPU 立即响应并及时处理的事件,必须采用中断方式。不同操作系统的中断处理方式也不尽相同,可分为以下几种:

1）外部中断。外部中断具体又可分为以下两种：

A. 不可屏蔽中断，如掉电和系统复位等产生的中断。

B. 可屏蔽中断是除不可屏蔽中断之外的其他外部设备发出的中断，如通信口、键盘等产生的中断。

2）由程序执行产生的中断，例如，零除中断指令等。

操作系统的中断处理是分优先级的。8086 系列和 MC68000 系列都支持 256 级中断。除了操作系统占用一批之外，还留有大量的中断号和优先级供用户编程使用。256 级中断列成一个中断向量表，用户使用时可参考。

单任务系统的中断处理十分简单，每一个中断都对应一个中断处理程序入口地址，该地址保留在中断向量表中与中断号相对应的位置上。只要中断一产生，而且 CPU 允许中断，则处理机在下一个指令周期就进入中断处理程序。

进入中断处理程序后的第一件工作就是保护现场，而在处理完之后、返回主程序之前要恢复现场。因为整个系统中只有一个任务在运行，而且只有一个堆栈，状态数据就压入堆栈中，返回时再弹出即可。

5.5　工业机器人控制系统的硬件部分

5.5.1　工业机器人控制系统硬件的组成

工业机器人控制系统的硬件主要由以下几个部分组成。

1. 控制装置

这类装置主要用以处理各种感觉信息，执行软件产生的控制指令。一般由一台微型或小型计算机及相应的接口组成。

2. 驱动装置

这部分主要是根据控制装置的指令，按作业任务的要求驱动工业机器人各关节运动。

3. 传感装置

传感装置分为两类，第一类是内部传感器，这类装置主要用以检测工业机器人各关节的位置、速度和加速度等，即用于感知工业机器人本身的状态；第二类是外部传感器，外部传感器就是所谓的视觉、力觉、触觉、听觉等传感器，它们可使工业机器人获取工作环境和工作对象的状态。

5.5.2　控制系统硬件结构的种类

按控制方式的不同，工业机器人控制系统的硬件结构通常分为以下四类。

1. 并行处理结构

并行处理技术是提高计算速度的一个重要而有效的手段，它能满足工业机器人控制的实时性要求。关于机器人控制器的并行处理技术，人们研究较多的是机器人运动学和动力学的并行算法及其实现途径。1982 年，J. Y. S. Luh 首次提出机器人动力学并行处理问题，这是因为关节型机器人的动力学方程是一组非线性强耦合的二阶微分方程,计算过程十分复杂。提高机器人动力学算法的计算速度也为实现复杂的控制算法(如计算力矩法、非线性前馈法、自适应控制法等)奠定了基础。开发并行算法的途径之一就是改造串行算法,使之并行化,然后将算法映射到并行结构去使用。

在实际处置中,一般采用两种方式:一是考虑给定的并行处理器结构,根据处理器结构所支持的计算模型,开发算法的并行性;二是首先开发算法的并行性,然后设计支持该算法的并行处理器结构,以达到最佳的并行处置效果。

目前,工业机器人运动控制器常采用 MCU+DSP+FPGA 的架构模式,其中,作为 MCU 核心的 STM32 单片机负责接收示教器发送的轨迹起始点、结束点、速度函数以及空间轨迹等信息,而系统的轨迹规划算法和软件功能则由 DSP 和 FPGA 协同工作予以实现。DSP 与 FPGA 采用外部存储器总线(EMIFA)联系,在 FPGA 上实现控制伺服驱动器的逻辑接口功能,从而控制机器人各个关节的运动方式。采用这种控制结构的机器人控制系统的结构框图如图 5-15 所示。

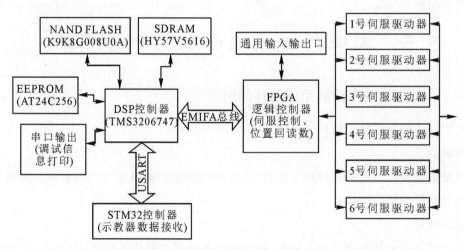

图 5-15 并行控制系统组成框图

2. 主从控制方式

在这种控制方式(其构成框图见图 5-16)中,采用主、从两级处理器实现工业机器人的全部控制功能。其中,主 CPU 负责实现管理、机器人语言编译和人-机接口功能,同时也利用它的运算能力完成坐标变换、轨迹插补和系统自诊断等任务,并定时地将运算结果作为关节运动的增量送到控制系统的公用内存,供二级 CPU 读取从而 CPU 实现机器人所有关节的位置数字控制。这种控制方式的实时性较好,适于高精度、高速度控制,但其系统扩展性较差,维修比较困难。

对主-从控制系统的两个 CPU 而言,总线之间基本没有联系,仅通过公用内存交换数据,是一个松耦合的关系。对采用更多的 CPU 而言,进一步分散功能是很困难的。日本在 20 世纪 70 年代生产的 Motoman 机器人(具有 5 个关节,采用直流电机驱动),其所用计算机控制系统就属于这种主-从式控制结构。

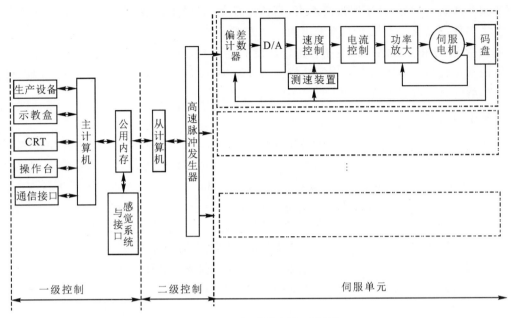

图 5-16　主-从控制方式框图

3. 分布控制方式

目前,工业机器人普遍采用这种上、下位机二级分布控制结构(其构成框图见图 5-17),在这种控制方式中,上位机负责整个系统管理、运动学计算以及轨迹规划等。下位机由多个 CPU 组成,每个 CPU 控制一个关节的运动,这些 CPU 与主控计算机是通过总线形式的紧耦合联系的。

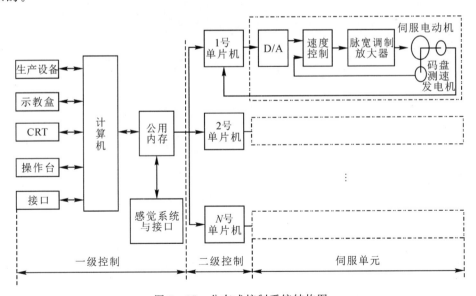

图 5-17　分布式控制系统结构图

在这种控制方式中,按工业机器人的工作性质和运动方式将控制系统分成几个模块,每一个模块各有不同的控制任务和控制策略,各模块之间可以是主-从关系,也可以是平等关系。

分布控制方式实时性好,易于实现高速度、高精度控制,且易于扩展,可实现智能控制,是目前世界上大多数商品化工业机器人所采用的控制方式。

需要指出,分布控制结构的控制器工作速度和控制性能明显提高,但这些多 CPU 系统共有的特征都是针对具体问题而采用的功能分布式结构,即每个处理器承担固定任务,难免造成一定的功能冗余和资源浪费。

4. 集中控制方式

在这种控制方式中,用一台功能较强的计算机实现工业机器人全部的控制功能。集中控制方式(其构成框图见图 5 - 18)结构简单,成本低廉,但实时性差,扩展性弱。在早期的工业机器人中,如 Hero - I,Robot - I 等,就采用这种控制结构,因其控制过程中需要进行许多计算(如坐标变换),所以这种控制结构的工作速度较慢。

以上几种类型的控制器,它们存在一个共同的缺点,即计算负担重、实时性较差。因此大多采用离线规划和前馈补偿解耦等方法来减轻实时控制中的计算负担。当机器人在运行中受到干扰时其性能将受到较大影响,难以保证高速运动中所要求的精度指标。

由于机器人控制算法的复杂性以及机器人控制性能有待提高,许多学者从建模、算法等多方面进行了减少计算量的努力,但仍难以在串行结构的控制器上满足实时计算的要求。因此,必须从控制器本身寻求解决办法。一种方法是选用高档次微机或小型机;另一种方法就是采用多处理器作并行计算,提高控制器的计算能力。

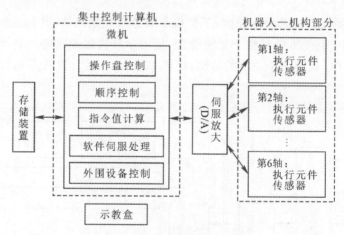

图 5 - 18　集中控制方式框图

习　　题

1. 列举你所知道的工业机器人的控制方式,并简要说明其应用场合。

2. 何谓点位控制和连续轨迹控制?举例说明它们在工业上的应用。

3. 工业机器人在什么场合要实施力/位置控制?

4. 工业机器人示教方式有哪些?

5. 说明工业机器人控制系统的硬件常用结构和特点。

第6章 工业机器人的编程

通过第5章的学习,我们了解了工业机器人的控制系统。那么为什么相同的工业机器人却能完成不同种类的工作任务呢?工业机器人的工作内容实际上是由提前下载到机器人内部的程序决定的。如果把工业机器人比作人的身体,那么程序就是工业机器人的灵魂。正是有了程序这个灵魂,工业机器人才能完成各种各样的任务。

知识目标

- 了解工业机器编程的分类。
- 掌握工业机器人的编程语言的体系结构。
- 熟悉工业机器人的编程语言。

能力目标

- 能够识别工业机器人的常见编程语言。
- 能够理解两种编程方式的优、缺点。

情感目标

- 培养学生对工业机器人编程的兴趣。
- 培养学生关心科技、热爱科学、勇于探索的精神。

机器人要实现一定的动作和功能,除了依靠机器人的硬件支持外,还需要借助编程来实现。伴随着机器人的发展,机器人编程技术也得到了不断完善,现已成为机器人技术的一个重要组成部分。

机器人编程使用某种特定语言来描述机器人动作轨迹,它通过对机器人动作的描述,使机器人按照既定运动和作业指令来完成编程者想要的各种操作。

6.1 工业机器人的编程方式

目前,工业机器人常用的编程方式有示教编程和离线编程两种。

6.1.1 示教编程

1.示教编程的概念和特点

示教编程一般用于示教-再现型机器人中。目前,大部分工业机器人的编程方式都是采用示教编程。示教编程分为如下三个步骤:

(1)示教:就是操作者根据工业机器人作业任务把工业机器人末端执行器送到目标位置。

(2)存储:在示教的过程中,工业机器人控制系统将这一运动过程和各关节位姿参数存储到机器人的内部存储器中。

（3）再现：当需要工业机器人工作时，机器人控制系统调用存储器中的对应数据，驱动关节运动，再现操作者的手动操作过程，从而完成工业机器人作业的不断重复和再现。

示教编程的优点是不需要操作者具备复杂的专业知识，也无需复杂的设备，操作简单，易于掌握。目前示教编程常用于一些任务简单、轨迹重复、定位精度要求不高的场合，如焊接、码垛、喷涂以及搬运作业。

示教编程的缺点是很难示教一些复杂的运动轨迹，重复性差，无法与其他工业机器人配合操作。

2.示教编程示例

例 6-1 使用图 6-1 所示的 MOTOMAN UP6 型工业机器人，完成如图 6-2 所示工件的焊接，焊点顺序为 1→2→3→4→5→6。

解：首先接通主电源，将控制柜开关旋钮打到"ON"，进行系统初始化诊断。诊断完成后，手持示教器，接通伺服电源。

图 6-1　MOTOMAN UP6 型工业机器人

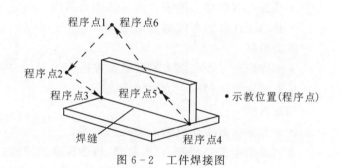

图 6-2　工件焊接图

（1）新建示教程序。

1）确认示教器上的模式旋钮对准"TEACH"，将模式设定为示教模式。

2）按"伺服准备"键。

3）在主菜单中选择"程序"，然后在子菜单中选择"新建程序"。

4）显示新建程序界面后，按"选择"键。

5）显示字符输入界面后，输入程序名"TEST"，按"回车"键进行登录。

6）光标移动到"执行"上，按"选择"键，程序"TEST"被登录，界面上显示该程序，"NOP"和"END"命令自动生成。

（2）示教手握示教器，接通伺服电源，机器人进入可动作状态。

程序点 1 的示教如图 6-3 所示。操作步骤如下：

1）用轴操作键把机器人移到适合作业准备的位置。

2）按"插补方式"键，把插补方式定为关节插补，在输入缓冲显示行中以 MOVJ 表示关节插补命令。

＝＞MOVJ VJ＝0.78

3）光标停在行号 0000 处，按"选择"键。

图 6-3　程序点 1 的示教

4)光标停在显示速度"VJ＝＊＊.＊＊"上,按"转换"键的同时按光标键,设定再现速度,如设为 50％。

＝＞MOVJ VJ＝50.00

5)按"回车"键,输入程序点 1(行 0001)。

0000 NOP

0001 MOVJ VJ＝50.00

0002 END

程序点 2 的示教如图 6-4 所示。操作步骤如下:

1)用轴操作键设定机器人为可作业姿态。

2)用轴操作键自动引导车到适当位置。

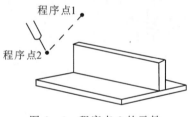

图 6-4　程序点 2 的示教

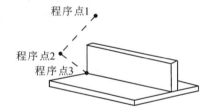

图 6-5　程序点 3 的示教

3)按"回车"键输入程序点 2(行 0002)。

0000 NOP

0001 MOVJ VJ＝50.00

0002 MOVJ VJ＝50.00

0003 END

程序点 3 的示教如图 6-5 所示。操作步骤如下:

1)按手动速度"高"或"低"键选择示教速度。

2)保持程序点 2 的姿态不变,按坐标键设定机器人坐标系为直角坐标系,用轴操作键把机器人移到作业开始位置。

3)光标在 0002 行上按"选择"键。

4)光标位于显示速度"VJ＝50.00"上,按"转换"键的同时按光标键,设定再现速度,例如设为 12.50％。

＝＞MOVJ VJ＝12.50

5)按"回车"键输入程序点 3。

0000 NOP

0001 MOVJ VJ＝50.00

0002 MOVJ VJ＝50.00

0003 MOVJ VJ＝12.50

0004 END

程序点 4 的示教如图 6－6 所示。操作步骤如下：

1）用轴操作键把机器人移到作业结束位置。

2）按"插补方式"键，设定插补方式为直线插补（MOVL）。如果作业轨迹为圆弧，则插补方式为圆弧插补（MOVC）。

＝＞MOVL V＝66

3）光标在行号 0003 处，按"选择"键。

4）光标位于显示速度"V＝66"上，按"转换"键的同时按光标键，设定再现速度，例如把速度设为 138 cm/min。

＝＞MOVL V＝138

5）按"回车"键输入程序点 4。

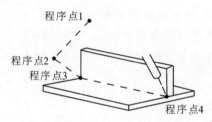

图 6－6 程序点 4 的示教

0000 NOP

0001 MOVJ VJ＝50.00

0002 MOVJ VJ＝50.00

0003 MOVJ VJ＝12.50

0004 MOVL V＝138.00

0005 END

程序点 5 不碰触工件、夹具的位置如图 6－2 所示。操作步骤如下：

1）按手动速度"高"键，设定为高速。

2）用轴操作键把机器人移动到不碰触夹具的位置。

3）按"插补方式"键，设定插补方式为关节插补（MOVJ）。

＝＞MOVJ VJ＝12.50

4）光标在行号 0004 上，按"选择"键。

5）把光标移到右边的速度 VJ＝12.50 上，按"转换"键的同时按光标键上下，直到出现希望的速度。把再现速度设定为 50％。

＝＞MOVJ VJ＝50.00

6）按"回车"键，输入程序点 5。

0000 NOP

0001 MOVJ VJ＝50.00

0002 MOVJ VJ＝50.00

0003 MOVJ VJ＝12.50

0004 MOVL V＝138.00

0005 MOVJ VJ＝50.00

0006 END

程序点 6 为开始位置如图 6－2 所示。

1)用轴操作键把机器人移到作业开始位置附近。

2)按"回车"键,输入程序点 6。

0000 NOP

0001 MOVJ VJ＝50.00

0002 MOVJ VJ＝50.00

0003 MOVJ VJ＝12.50

0004 MOVL V＝138.00

0005 MOVJ VJ＝50.00

0006 MOVJ VJ＝50.00

0007 END

将最初的程序点和最后的程序点重合,如图 6－7 所示。

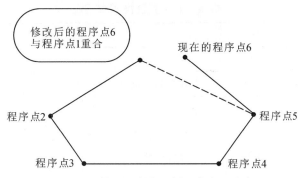

图 6－7　修正程序点 6 与程序点 1 重合

1)把光标移到程序点 1 所在行。

0000 NOP

0001 MOVJ VJ＝50.00

0002 MOVJ VJ＝50.00

0003 MOVJ VJ＝12.50

0004 MOVL V＝138.00

0005 MOVJ VJ＝50.00

0006 MOVJ VJ＝50.00

0007 END

2)按"前进"键,将机器人移动到程序点 1。

3)把光标移动到程序点 6 所在行。

```
0000 NOP
0001 MOVJ VJ＝50.00
0002 MOVJ VJ＝50.00
0003 MOVJ VJ＝12.50
0004 MOVL V＝138.00
0005 MOVJ VJ＝50.00
0006 MOVJ VJ＝50.00
0007 END
```

4）按"修改"键。

5）按"回车"键,程序点6的位置被修改到与程序点1相同的位置。

（3）示教轨迹确认。

1）把光标移到程序点1所在行。

2）手动速度设为中速。

3）按"前进"键,利用机器人的动作确认每一个程序点。每按一次"前进"键,机器人移动一个程序点。

4）程序点完成确认后,机器人回到程序起始处。

5）按下"联锁"键的同时按"试运行"键,机器人连续再现所有程序点,一个循环后停止。

（4）再现。示教再现命令见表6-1。

表 6-1　示教再现命令

行号	命令	内容说明	
0000	NOP	程序开始	
0001	MOVJ VJ＝25.00	移动到待机位置	程序点 1
0002	MOVJ VJ＝25.00	移动到焊接开始位置附近	程序点 2
0003	MOVJ VJ＝12.50	移动到焊接开始位置	程序点 3
0004	ARCON	焊接开始	
0005	MOVL V＝50.00	移动到焊接结束位置	程序点 4
0006	ARCOF	焊接结束	
0007	MOVJ VJ＝25.00	移动到不碰触工件和夹具的位置	程序点 5
0008	MOVJ VJ＝25.00	移动到待机位置	程序点 6
0009	END	程序结束	

1）把光标移到程序开头,用轴操作键把机器人移到程序点1。

2）把示教器上的模式旋钮设定在"PLAY"上,设置再现模式。

3）按"伺服准备"键,接通伺服电源。

4）按"启动"键,机器人把示教过的程序运行一个循环后停止。

（5）示教编程修改。

1）在程序点5插入程序点。

a. 按"前进"键,把机器人移到程序点 5。

b. 用轴操作键把机器人移至欲插入的位置。

c. 按"插入"键。

d. 按"回车"键,完成程序点的插入。所插入的程序点之后的各程序点序号自动加 1。

2)删除程序点。

a. 按"前进"键,把机器人移到要删除的程序点。

b. 确认光标位于要删除的程序点处,按下"删除"键。

c. 按"回车"键,程序点被删除。

3)修改程序点的位置数据。

a. 连续按"前进"键,把光标移至待修改的程序点处。

b. 用轴操作键把机器人移至修改后的位置。

c. 按"修改"键。

d. 按"回车"键,程序点的位置数据被修改。

4)修改程序点之间的速度。例如,把从程序点 3 到程序点 4 的速度放慢。

a. 把光标移到程序点 4 处。

b. 将光标移动到命令区,按"选择"键。

c. 把光标移到右边的速度"V=138"上,按"转换"键的同时按"上""下"光标键,直到出现希望的速度。把再现速度设定为 66cm/min。

d. 按"回车"键,速度修改完成。

6.1.2 离线编程

1. 离线编程的特点

工业机器人离线编程是在线示教编程的扩展。工业机器人离线编程是指利用计算机图形学的成果,在专门的软件环境下,建立工业机器人工作环境的几何模型,再利用一些规划算法,通过对图形的控制和操作,在离线情况下进行工业机器人的轨迹规划编程。

示教编程与离线编程的特点比较见表 6-2。

表 6-2 示教编程与离线编程的特点比较

序号	示教编程	离线编程
1	需要实际工业机器人系统和工作环境	需要工业机器人系统和工作环境的图形模型
2	编程时工业机器人停止工作	编程时不影响工业机器人工作
3	在实际系统上试验程序	通过仿真试验程序
4	编程的质量取决于编程者的经验	可用 CAD 方法进行最佳轨迹规划
5	难以实现复杂的运行轨迹	可实现复杂的运行轨迹的编程

从表 6-2 可以看出,离线编程具有如下优点:

(1)可以减少工业机器人非工作时间。当对工业机器人进行下一个任务编程时,实体工业机器人仍可在生产线上工作,离线编程不占用工业机器人的工作时间。

(2)使编程者远离危险的编程环境。

(3)使用范围广。离线编程系统可对工业机器人的各种工作对象进行编程。

(4)便于 CAD/CAM/Robotics 一体化。

(5)便于修改工业机器人程序。

2. 离线编程系统的主要内容

离线编程不仅是工业机器人实际应用的手段,也是开发和研究工业机器人任务规划的有力手段。通过离线编程可以建立工业机器人与 CAD/CAM 之间的联系。

一般情况下,一个实用的离线编程系统应该考虑以下内容:

(1)编程系统符合工业机器人的生产系统工作过程。

(2)工业机器人和工作环境模型与实际吻合。

(3)模拟工业机器人运动过程要与几何学、运动学及动力学知识相符。

(4)离线编程系统是可视化的。

(5)能够进行工业机器人动态模拟仿真,且具有判断出错的能力。

(6)留有传感器接口和仿真功能。

(7)具有与工业机器人控制柜通信的功能。

(8)能够提供良好的人-机界面,用户可以操作和干预。

3. 离线编程系统的软件架构

典型的工业机器人离线编程系统的软件架构主要由建模模块、布局模块、编程模块、仿真模块、程序生成及通信模块组成,如图 6-8 所示。

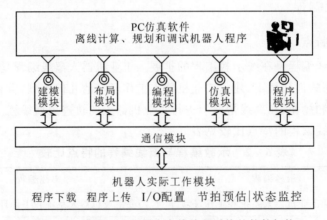

图 6-8 典型工业机器人离线编程系统的软件架构

(1)建模模块。建模模块是离线编程系统的基础,为工业机器人和工件的编程与仿真提供可视的三维几何造型。

(2)布局模块。按工业机器人实际工作单元的安装格局,在仿真环境下进行整个机器人系统模型的空间布局。

(3)编程模块。编程模块包括运动学计算、轨迹规划等,前者是控制工业机器人运动的依据,后者用来生成工业机器人关节空间或直角空间里的轨迹。

(4)仿真模块。仿真模块用来检验编制的工业机器人程序是否正确、可靠,一般具有碰撞检查功能。

(5)程序生成。把仿真系统所生成的运动程序翻译成工业机器人控制器可以接收的代码指令,以命令真实工业机器人工作。

(6)通信模块。离线编程系统的重要组成部分之一为用户接口和通信接口,前者设计成交互式,可利用鼠标操作工业机器人的运动,后者负责连接离线编程系统与工业机器人控制器。

4. 离线编程步骤示例

工业机器人离线编程的步骤如图 6-9 所示。

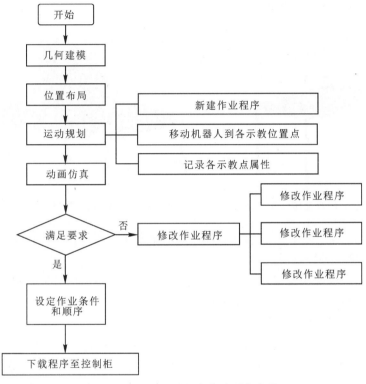

图 6-9 工业机器人离线编程的步骤

例 6-2 要求通过离线方式完成图 6-10 所示工件从点 A 到点 B 的作业编程,各程序点说明见表 6-3。

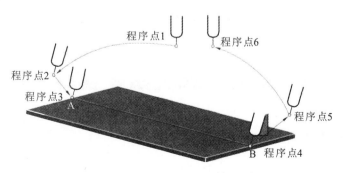

图 6-10 工件 A→B 作业位置

表 6-3　工件 A→B 各程序点位置说明

程序点序号	说明	程序点序号	说明	程序点序号	说明
程序点 1	机器人原点	程序点 3	作业开始点	程序点 5	作业规避点
程序点 2	作业临近点	程序点 4	作业结束点	程序点 6	机器人原点

解：

（1）工件及工作台几何建模（见图 6-11）。可以使用工业机器人离线编程软件兼容的三维造型软件构造工件及工作台几何模型。

图 6-11　工件及工作台几何建模　　　　　图 6-12　位置布局

（2）位置布局（见图 6-12）。选择软件内置的配套工业机器人系统，按照实际的装配和安装情况在仿真环境中进行布局。

（3）运动规划。新建作业程序，通过鼠标结合软件可视化界面移动工业机器人到各程序点位置，记录各点坐标及其属性。在保证末端工具作业姿态的前提下，各程序点的选择应避免工业机器人与工件、夹具、周边设备等发生碰撞。

（4）动画仿真。系统对运动规划的结果进行三维图形动画仿真，模拟整个作业情况，检查末端工具发生碰撞的可能性及工业机器人的运动轨迹是否合理，并计算工业机器人每个工步的操作时间和整个工作过程的循环时间，为离线编程结果的可行性提供参考。

（5）程序生成及传输。在作业程序的仿真结果完全达到要求后，将该作业程序转换成工业机器人的控制程序和数据，并通过通信接口下载到工业机器人控制柜，驱动实体工业机器人执行指定的作业。

（6）程序确认。出于安全考虑，离线编程生成的目标作业程序在自动运转前需跟踪试运行。

6.2　工业机器人编程语言概述

6.2.1　工业机器人语言的基本功用

工业机器人语言的基本功用包括运算、决策、通信、工具指令以及传感器数据处理等。机器人语言体现出来的基本功能都是通过机器人系统软件实现的。

1. 运算

机器语言的运算功能指的是对工业机器人位姿的解析几何计算。通过对机械手位姿的求解、坐标运算、位置表示以及向量运算等来控制工业机器人的动作路径，实现操作者想要实现的动作。

2. 决策

决策是指工业机器人不进行任何运算，依靠传感器的输入信息能够直接执行机器人下一步任务的能力。这种决策能力使工业机器人控制系统的功能更强有力，一条简单的条件转移指令（例如检验零值）就足以执行任何决策算法。

3. 通信

通信能力是指工业机器人系统与操作人员之间的信息沟通能力。允许工业机器人要求操作人员提供信息，告诉操作者下一步该干什么，以及让操作者知道机器人打算干什么。人和工业机器能够通过许多不同方式进行通信。常见的通信设备有信号灯、显示器或输入输出按钮等。

4. 工具指令

一个工具控制指令通常是由闭合某个开关或继电器而触发的。继电器闭合可以把电源接通或断开，以直接控制工具的运动，或者送出一个小功率信号给电子控制器来控制工具。

5. 传感器数据处理

用于现场作业的机器人只有与传感器连接起来，才能发挥其全部效用。所以，传感器数据处理是许多机器人程序编制的十分重要而又复杂的组成部分。当采用触觉、听觉或视觉传感器时，更是如此。

6.2.2　工业机器人编程基础

一般在调试阶段，可以通过示教器对编译好的程序进行逐步执行、检查、修正，等程序完全调试成功后，才可正式投入使用。机器人编程过程要求能够通过语言进行程序的编译，能够把工业机器人的源程序转换成机器码，以便工业机器人控制系统能直接读取和执行。一般情况下，机器人的编程系统必须做到以下几方面。

1. 能够建立世界坐标系

在进行工业机器人编程时，需要描述物体在三维空间内的运动方式，因此要给工业机器人及其相关物体建立一个基础坐标系。这个坐标系与大地相连，也称世界坐标系。为了方便工业机器人工作，也可以建立其他坐标系，但需要同时建立这些坐标系与世界坐标系的变换关系。工业机器人编程系统应具有在各种坐标系下描述物体位姿的能力和建模能力。

2. 能够描述工业机器人作业

工业机器人作业的描述与其环境模型密切相关，编程语言水平决定了描述水平。现有的工业机器人语言需要给出作业顺序，由语法和词法定义输入语句，并由它描述整个作业过程。例如，装配作业可描述为世界模型的一系列状态，这些状态可由工作空间内所有物体的位姿给定。这些位姿也可以利用物体间的空间关系来说明。

3. 能够描述工业机器人运动

描述工业机器人需要进行的运动是机器人编程语言的基本功能之一。用户能够运用语言中的运动语句,与路径规划器连接;用户能规定路径上的点及目标点,决定是否采用点插补运动或直线运动;用户还可以控制运动速度或运动持续时间。

4. 允许用户设定执行流程

同一般的计算机编程语言一样,工业机器人编程系统允许用户规定执行流程,包括转移、循环、调用子程序、中断以及程序试运行等。

5. 具有良好的编程环境

同计算机系统一样,一个好的编程环境有助于提高程序员的工作效率。大多数工业机器人编程语言含有中断功能,以便能够在程序开发和调试过程中每次只执行一条单独语句。好的编程系统应具有下列功能:

(1)在线修改和重启功能。工业机器人在作业时需要执行复杂的动作和花费较长的执行时间,当任务在某一阶段失败后,从头开始运行程序并不总是可行的,因此需要编程软件或系统必须有在线修改程序和随时重新启动的功能。

(2)传感器输出和程序追踪功能。因为工业机器人和环境之间的实时相互作用常常不能重复,因此编程系统应能随着程序追踪记录传感器的输入输出值。

(3)仿真功能。可以在没有工业机器人实体和工作环境的情况下进行不同任务程序的模拟调试。

(4)人-机接口和综合传感信号。在编程和作业过程中,编程系统应便于人与工业机器人之间进行信息交换,方便工业机器人出现故障时及时处理,确保安全。而且,随着工业机器人动作和作业环境复杂程度的增加,编程系统需要提供功能强大的人-机接口。

6.2.3 工业机器人语言体系

工业机器人语言是人与机器人之间的一种记录信息或交换信息的程序语言,它提供了一种方式来解决人-机通信问题,是一种专用语言。它不仅包含语言,还同时包含语言的处理过程。它支持工业机器人编程,控制外围设备、传感器和人-机接口,同时还支持与计算机系统的通信。工业机器人语言系统结构如图 6-13 所示。

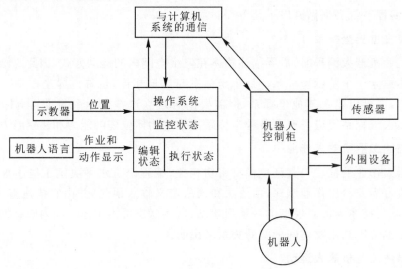

图 6-13　工业机器人语言系统

由图 6－13 可知,工业机器人语言系统包括三个基本操作状态:监控状态、编辑状态和执行状态。

1. 编辑状态

编辑状态用于操作者编制或编辑程序。一般包括写入指令、修改或删去指令以及插入指令等。

2. 监控状态

监控状态用于整个系统的监督控制,操作者可以用示教器定义工业机器人在空间中的位置,设置工业机器人的运动速度,存储和调用程序等。

3. 执行状态

执行状态用来执行工业机器人程序。在执行状态下,工业机器人执行程序的每一条指令都是经过调试的,不允许执行有错误的程序。

机器人作业时通过语言系统的编译过程,将工业机器人源程序转换成机器码,方便工业机器人系统读取和执行。

6.2.4　工业机器人编程语言类型

伴随着工业机器人的发展,工业机器人语言也得到了不断发展和完善。早期的工业机器人由于功能单一、动作简单,可采用固定程序或者示教方式来控制工业机器人的运动。随着工业机器人作业动作的多样化和作业环境的复杂化,依靠固定的程序或示教方式已经满足不了精度和效率的要求,必须依靠能适应作业和环境随时变化的机器人语言来完成工业机器人编程工作。

目前,工业机器人编程语言按照作业描述水平的高低分为动作级、对象级和任务级三类。

1. 动作级编程语言

动作级编程语言是最低级的工业机器人语言。它以机器人的运动描述为主,通常一条指令对应工业机器人的一个动作,表示从工业机器人的一个位姿运动到另一个位姿。

动作级编程语言的优点是比较简单,编程容易。其缺点是功能有限,无法进行繁复的数学运算,不能接收复杂的传感器信息,只能接收传感器开关信息,与计算机的通信能力很差。

典型的动作级编程语言是美国 Unimation 公司于 1979 年推出的一种机器人编程语言,主要配置在 PUMA 和 Unimation 等工业机器人上。例如,"MOVE TO〈destination〉"命令的含义为工业机器人从当前位姿运动到目的位姿。

动作级编程语言又可以分为关节级编程和末端执行器级编程两种。

(1)关节级编程。关节级编程是以工业机器人的关节为对象,编程时给出工业机器人一系列各关节位置的时间序列,在关节坐标系中进行的一种编程方法。对于直角坐标式机器人和圆柱坐标式机器人,由于直角关节和圆柱关节的表示比较简单,这种方法编程较为适用;而对于具有回转关节的关节机器人,由于关节位置的时间序列表示困难,即使一个简单的动作也要经过许多复杂的运算,故这一方法并不适用。

关节级编程可以通过简单的编程指令来实现,也可以通过示教器示教和键入示教实现。

(2)末端执行器级编程。末端执行器级编程在工业机器人作业空间的直角坐标系中进行。在此直角坐标系中给出由工业机器人末端执行器一系列位姿组成的位姿时间序列,连同其他一些辅助功能（如力觉、触觉、视觉等）的时间序列，同时确定作业量、作业工具等，协调地进行工业机器人动作的控制。

这种编程方法允许有简单的条件分支，具备感知能力，可以选择和设定工具，有时还有并行功能，故数据实时处理能力强。

2. 对象级编程语言

对象级编程语言是描述操作对象，即作业物体本身动作的语言。它不需要描述工业机器人手爪的运动，只要由编程人员用程序的形式给出作业本身顺序过程的描述和环境模型的描述，即描述操作物与操作物之间的关系，通过编译程序工业机器人即能知道如何动作。

对象级编程语言典型的例子有 IBM 公司的 AML、AUTOPASS 等语言。对象级编程语言是比动作级编程语言高一级的编程语言，除具有动作级编程语言的全部动作功能外，还具有以下特点：

(1)较强的感知能力。除能处理复杂的传感器信息外，还可以利用传感器信息来修改、更新环境的描述和模型，也可以利用传感器信息进行控制、测试和监督。

(2)良好的开放性。对象级编程语言系统为用户提供了开发平台，用户可以根据需要增加指令，扩展语言功能。

(3)较强的数字计算和数据处理能力。对象级编程语言可以处理浮点数，能与计算机进行即时通信。

3. 任务级编程语言

任务级编程语言是比前两类更高级的一种语言，也是最理想的工业机器人高级语言。这类语言不需要用工业机器人的动作来描述作业任务，也不需要描述工业机器人对象物的中间状态过程，只需要按照某种规则描述工业机器人对象物的初始状态和最终目标状态，工业机器人语言系统即可利用已有的环境信息和知识库、数据库自动进行推理、计算，从而自动生成工业机器人详细的动作、顺序和数据。例如，一台生产线上的装配机器人欲完成轴和轴承的装配，轴承的初始位置和装配后的目标位置已知。当发出抓取轴承的命令时，工业机器人在初始位置处选择恰当的姿态抓取轴承，语言系统在初始位置和目标位置之间寻找路径，在复杂的作业环境中找出一条不会与周围障碍物产生碰撞的合适路径，沿此路径运动到目标位置。在此过程中，作业中间状态作业方案的设计、工序的选择、动作的前后安排等一系列问题都由计算机自动完成。

任务级编程语言的结构十分复杂，需要人工智能的理论基础和大型知识库、数据库的支持，目前还不是十分完善。它是一种理想状态下的语言，还有待于进一步研究。但可以相信，随着人工智能技术及数据库技术的不断发展，任务级编程语言必将取代其他语言而成为工业机器人语言的主流，使得工业机器人的编程应用变得非常简单。

6.3　工业机器人常用编程语言介绍

自发明机器人以来，用以记录人与工业机器人之间信息交换的专用语言也在不断地更新和发展。世界上第一种工业机器人语言是美国斯坦福大学于 1973 年研制的 WAVE 语言。WAVE 语言是一种工业机器人动作级语言，它主要用于机器人的动作描述，辅助视觉传感器进行工业机器人的手、眼协调控制。此后，随着世界各国对工业机器人研究的不断深入，不同种类的工业机器人语言也不断出现。到目前为止,国内外主要的工业机器人语言大概有 24 种,见表 6-4。

在这些工业机器人语言中,比较出名的有美国 Stanford Artifical Intelligence Laboratory 开发的 AL 语言,Unimation 公司开发的 VAL 语言,以及 ABB 公司开发的 RAPID 语言等。

表 6-4　国内外主要机器人编程语言

序号	语言名称	国家	研究单位	简要说明
1	AL	美国	Stanford Artificial Intelligence Laboratory	机器人动作及对象物描述,是目前机器人语言研究的基础
2	Autopass	美国	IBM	组装机器人用语言
3	LAMA-S	美国	MIT	高级机器人语言
4	VAL	美国	Unimation 公司	用于 RJMA 机器人(采用 MC6800 和 DECLSI-11 高级微型机)
5	KLA1.	美国	Automatic 公司	用视觉传感器检查零件时用的机器人语言
6	WAVE	美国	Stanford Artificial Intelligence Laboratory	操作器控制符号语言
7	DIAL	美国	Charles Stark Draper Laboratory	具有 RCC 顺应性手腕控制的特殊指令
8	RPL	美国	Stanford Research Institute International	可与 Unimation 机器人操作程序结合,预先定义子程序库
9	REACH	美国	Bendix Corporation	适于两臂协调动作,和 VAL 一样是使用范围较广的语言
10	MCL	美国	McDonnell Douglas Corporation	编程机器人、机床传感器、摄像机及其控制的计算机综合制造用语言
11	INDA	美国 英国	SRI International and Philips	相当于 RTL/2 编程语言的子集,具有使用方便的处理系统
12	RAPT	英国	University of Edinburgh	类似 NC 语言 APT(用 DEC20、LSI11/2 微型机)
13	LM	法国	Artificial Intell Intelligence Group of IMAG	类似 PASCAL,数据类似 AL。用于装配机器人(用 LSI 1/3 微型机)
14	ROBEX	德国	Machine Tool Laboratory TH Archen	具有与高级 NC 语言 EXAPT 相似结构的脱机编程语言
15	SIGLA	意大利	Olivetti 公司	SIGMA 机器人语言
16	MAL	意大利	Milan Polytechnic	两臂机器人装配语言,其特征是方便、易于编程
17	SERF	日本	三协精机	用于 SKILAM 装配机器人(用 Z-80 微型机)

续表

序号	语言名称	国家	研究单位	简要说明
18	PLAW	日本	小松制作所	用于 RW 系列弧焊机器人
19	IML	日本	九州大学	动作级机器人语言
20	KAREL Robot Studio	日本	FANUC	发那科研发的用于点焊、涂胶、搬运等工业用途的编程语言
21	RAPID	瑞典	ABB 公司	ABB 公司用于 ICR5 控制器示教器的编程语言
22	Robotics Studio	美国	Microsoft 公司	微软公司开发的多语言、可视化编程与仿真语言
23	INFORM	日本	YASKAWA	日本安川开发的机器人编程语言
24	KUKA	德国	KRL KUKA Robot Language	德国库卡公司独立设计的高级编程语言

6.3.1 RAPID 语言

RAPID 语言是 ABB 公司针对工业机器人进行逻辑、运动以及 I/O 控制开发的工业机器人编程语言。RAPID 语言类似于高级编程语言,与 VB 和 C 语言结构相近。RAPID 语言所包含的指令包含机器人运动的控制,系统设置的输入、输出,并能实现决策、重复、构造程序以及与系统操作员交流等功能。RAPID 的基本构架见表 6-5。

表 6-5 RAPID 的基本构架

系统模块	程序模块 1	程序模块 2	……	程序模块 N
程序数据 主程序 main 例行程序 中断程序 功能	程序数据 例行程序 中断程序 功能	程序数据 例行程序 中断程序 功能	……	程序数据 例行程序 中断程序 功能

由表 6-5 可知,RAPID 应用程序是由系统模块和程序模块构成的。系统模块包含主程序,一般用于系统方面的控制,而程序模块可由操作者来构建完成工业机器人的动作控制。所有的 ABB 机器人都自带两个系统模块:USER 模块和 BASE 模块。使用时,系统自动生成的任何模块都不能进行修改。每个程序模块一般包含程序数据、编程指令、中断程序和功能四种对象。但在一个模块中这四种对象允许空缺,并且程序模块之间的数据、例行程序、中断程序和功能可以相到调用。下面仅介绍最常用的程序数据和编程指令。

1. 程序数据

程序数据是在程序模块中设定的一些环境数据,创建的程序数据由同一个模块或其他模块的指令进行引用。ABB 机器人常见的数据类型见表 6-6。

表 6-6　ABB 机器人常见的数据类

程序数据程序数据	说明
Bool	布尔量
Byte	整数数据
Clock	计时数据
Num	数值数据
Pos	位置数据
Robtarget	机器人与外轴的位置数据
String	字符串
Tooldata	工具数据
Wobdata	工件数据
Zone data	TCP 转弯半径数据

ABB 机器人程序数据的存储类型有变量 VAR、可变量 PERS 和常量 CONST。

(1)变量 VAR。变量型数据在程序执行的过程中和停止时,会保持当前的值。但如果程序指针被移到主程序后,数值会丢失。

举例说明如下:

VAR Num length:=0;　　　　　　　名称为 length 的数字数据

VAR String name:="John";　　　　　名称为 name 的字符数据

VAR Bool finished:=FALSE;　　　　名称为 finished 的布尔量数据

(2)可变量 PERS。可变量最大的特点是,无论程序的指针如何,都会保持最后赋予的值,直到对其进行重新赋值。

举例说明如下:

PRES String text:="Hello";　　　　名称为 text 的字符数据

PRES Num nbr :=1;　　　　　　　名称为 nbr 的数字数据

(3)常量 CONST。常量的特点是在定义时已赋予了数值,并不能在程序中进行修改,除非手动修改。

举例说明如下:

CONST Num givgg:=1;　　　　　　名称为 givgg 的数字数据

CONST Sting greating:="Hello";　　名称为 greating 的字符数据

2.编程指令

(1)基本运动指令。基本运动指令包括 MoveL,MoveC, MoveJ 及 MoveAbsJ。

1)MoveL:线性运动指令。工业机器人的工具中心点(TCP)从起点到终点之间的路径始终保持为直线,如图 6-14 所示。

举例:MoveL p1, v100,z10, tool1;

p1:目标位置;

v100:机器人运行速度;

z10:转弯半径;

tool1:工具坐标。

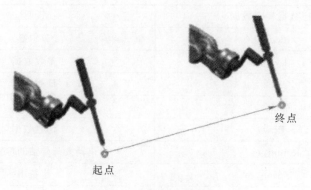

图 6 - 14　线性运动指令

2)MoveC:圆弧运动指令。机器人沿着可到达的空间范围内的三个点运动,第一个点为圆弧的起点,第二点为圆弧中间点,第三个点是圆弧的终点,如图 6 - 15 所示。

举例:MoveC p1，p2，v100，z1，tool1；

3)MoveJ:关节运动指令。在路径精度要求不高的情况下,机器人的工具中心点从一个位置移动到另一个位置,两个位置之间的路径不一定是直线,如图 6 - 16 所示。

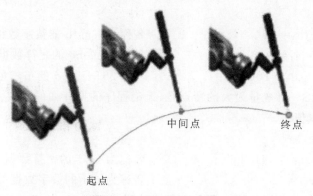

图 6 - 15　圆弧运动指令

图 6 - 16　关节运动指令

4)MoveAbsJ:绝对位置运动指令。机器人使用六个轴和外部轴的角度来定义目标位置数据。

(2)I/O 控制指令。Do 指机器人输出信号,Di 指机器人输入信号。Set 是输出指令,

Reset 是复位输出指令。

（3）程序流程指令。IF 是判断执行指令，WHILE 是循环执行指令。

（4）停止指令。STOP 是软停止指令，工业机器人停止运行，直接运行下一句。EXIT 是硬停止指令，工业机器人停止运行，复位。

（5）赋值指令：

Date：＝Value；

（6）等待指令：

WaitTime Time；

6.3.2　VAL 语言

VAL 语言是美国 Unimation 公司于 1979 年推出的一种工业机器人编程语言，主要配置在 PUMA 和 Unimation 等工业机器人上，它是一种面向动作级的编程语言。VAL 语言结构与 BASIC 语言结构很类似，是基于 BASIC 语言发展起来的一种工业机器人语言。

VAL 语言一般用于上、下两级计算机控制的工业机器人系统，上位机为 LSI 11/23，下位机为 6503 微处理器。上位机主要进行系统的编程和管理，下位机控制各关节的实时运动。

VAL 语言具有命令简单清晰、工业机器人动作及与上位机的通信方便、实时交互功能强等特点。它可以在离线和在线两种不同状态下编程，能够迅速计算不同坐标系下机器人复杂运动轨迹，生成机器人的连续控制信号，操作者可以实时在线修改程序和生成程序。VAL 语言适用于多种计算机控制的工业机器人。

VAL 语言系统包括监控指令和程序指令两个部分。

1. 监控指令（六种）

监控指令包括位置定义、程序和数据列表、程序和数据存储、系统状态设置和控制、系统开关控制、系统诊断和修改等。

常见的监控指令如下：

（1）POINT：定义执行终端位置或以关节位置表示的精确点位赋值（位置定义指令）。

（2）DPOINT：删除包括精确点、变量在内的任意数量的当前位置（位置定义指令）。

（3）EDIT：允许用户建立或修改一个指定名字的程序，是用户编辑程序的起始指令（程序指令）。

（4）DIRECTORY：显示存储器中的全部用户程序名（数据列表指令）。

（5）LOADL：将文件中指定的位置变量送入系统内存（数据存储指令）。

（6）DO：执行单步指令（控制程序指令）。

（7）ABORT：紧急停止指令（控制程序指令）。

（8）CALIB：校准关节位置传感器（系统状态控制指令）。

2. 程序指令（六种）

程序指令主要包括控制工业机器人关节或末端执行器运动、位姿等状态的指令，常见的指令如下：

（1）运动指令：GO、MOVE、MOVEI、MOVES、DRAW、APPRO、APPROS、DEPART、DRIVE、READY、OPEN、OPENI、CLOSE、CLOSEI、RELAX、GRASP 及 DELAY 等。

（2）位姿控制指令：RIGHTY、LEFTY、ABOVE、BELOW、FLIP 及 NOFLIP 等。

（3）赋值指令：SETI、TYPEI、HERE、SET、SHIFT、TOOL、INVERSE 及 FRAME 等。

（4）控制指令：GOTO、GOSUB、RETURN、IF、IFSIG、REACT、REACTI，IGNORE、SIGNAL、WAIT、PAUSE 及 STOP 等。

（5）开关量赋值指令：SPEED、COARSE、FINE、NONULL、NULL、INTOFF 及 INTON 等。

（6）其他指令：REMARK 及 TYPE 等。

3. VAL 语言编程示例

例 6 - 3 建立一个名为 DEMO 的 VAL 程序：要求将物体从位置 1（PICK 位置）搬运至位置 2（PLACE 位置）。

解：

程序如下。

EDIT DEMO	启动编辑状态
PROGRAM DEMOVAL	响应
1. OPEN	下一步手张开
2. APPRO PICK 50	运动至距 PICK 位置 50mm 处
3. SPEED 30	下一步降至满速的 30%
4. MOVE PICK	运动至 PICK 位置
5. CLOSEI	闭合手
6. DEPART 70	沿手向量方向后退 70mm
7. APPROS PLACE 75	沿直线运动至距离 PLACE 位置 75mm 处
8. SPEED 20	下一步降至满速的 20%
9. MOVES PLACE	沿直线运动至 PLACE 位置上
10. OPENI	在下一步之前手张开
11. DEPART 50	自 PLACE 位置后退 50mm
12. END	退出编辑状态，返回监控状

6.3.3 AL 语言

1. AL 语言概述

AL 语言是 1974 年由美国斯坦福大学基于 WAVE 语言基础开发的功能比较完善的动作级工业机器人语言，它兼有对象级语言的某些特征，适于装配作业的描述。AL 语言原设计用于具有传感器反馈的多台工业机器人并行或协同控制的编程。它具有 PASCAL 语言的特点，可以编译成工业机器语言在实时控制机上执行，支持实时编程语言的同步操作、条件操作和现场建模。

2. AL 语言格式

（1）程序从 BEGIN 开始，由 END 结束。

（2）语句与语句之间用";"隔开。

（3）变量先定义类型，后使用。通常变量名以英文字母开头，由字母、数字和下划线组成字符串，字母不分大、小写。

例如,定义机器人三种不同坐标系的指令如下:

FRAME BASE, BEAM, FEEDER ;　　{三种不同坐标系的变量定义}

(4)程序的注释用大括号括起来。

(5)变量赋值语句中,若所赋的内容为表达式,则先计算表达式的值,再把该值赋给等式左边的变量。

3. AL 语言中的数据类型

(1)标量(SCALAR)。标量是 AL 语言中最基本的数据类型,它可以是时间、距离、角度及力等工业机器人能够感知或捕捉的数据,它可以进行加、减、乘、除和指数等运算,也可以进行三角函数、自然对数和指数运算。

如 SCALAR PI;　　　　　　　　　{PI=3.14159}

PI 为 AL 语言中预先定义的标量。

(2)向量(VECTOR)。向量与数学中的向量类似,也具有相同的运算法则,可以由三个标量来构造。如 VECTOR (1, 0, 0);

(3)旋转(ROT)。ROT 用来描述一个轴的旋转或绕某个轴的旋转姿态。用 ROT 变量表示旋转变量时带有两个参数,一个代表旋转轴的简单向量,另一个表示旋转角度。

(4)坐标系(FRAME)。FRAME 用来建立坐标系,变量的值表示物体固连坐标系与空间作业的参考坐标系之间的相对位置与姿态。

(5)变换(TRANS)。TRANS 用来进行坐标之间的变换,具有旋转和向量两个参数,执行时先旋转再平移。

4. AL 语言常用指令介绍

(1)移动指令 MOVE 指令用来描述工业机器人的手爪从一个位置运动到另一个位置。MOVE 指令的格式为:

MOVE <HAND> TO <目的地 >;

(2)手爪控制指令 OPEN:手爪打开指令。

CLOSE:手爪闭合指令。

语句的格式为:

OPEN <HAND> TO <SVAL> ;

CLOSE <HAND> TO <SVAL> ;

其中,SVAL 为开度距离值,在程序中已预先指定。

(3)控制指令常用的控制指令如下:

IF <条件> THEN <语句> ELSE <语句> ;

WHILE <条件> DO <语句> ;

CASE <语句 > ;

DO <语句> UNTIL <条件> ;

FOR... STEP... UNTIL... ;

(4)AFFIX 和 UNFIX 指令。工业机器人在装配作业时,经常需要将一个物体粘到另一个物体上或将一个物体从另一个物体上剥离。AFFIX 指令为两物体粘贴的操作,UNFIX 指令为两物体分离的操作。例如:

AFFIX BEAM_BORE TO BEAM；〔BEAM_BORE 和 BEAM 两种不同坐标系粘贴在一起〕

即一个坐标系的运动也将引起另一个坐标系的同样运动。然后执行下面的语句：

UNFIX BEAM_BORE FROM BEAM；〔BEAM_BORE 和 BEAM 两坐标系的附着关系被解除〕

（5）力觉的处理在 MOVE 语句中使用条件监控子语句可实现用传感器信息来完成一定的动作。

（6）监控子语句格式为：

ON ＜条件＞ DO ＜动作＞；

例如：MOVE BARM TO ⊙ - 0.1 * INCHES ON FORCE（Z）＞10 * OUNCES DO STOP；

表示在当前位置沿 Z 轴向下移动 0.1 in（英寸，1in＝2.54cm），如果感觉 Z 轴方向的力超过 10oz（盎司，1oz＝29.57ml），则立即命令机械手停止运动。

5. AL 语言编程示例

如图 6 - 17 所示，要求用 AL 语言编制工业机器人将料槽坐标位置螺栓插入立柱孔的作业程序。具体动作分解如下：

（1）工业机器人末端执行器移至料斗上方 A 点。

（2）抓取螺栓。

（3）经过 B 点、C 点再把它移至立柱孔上方 D 点。

（4）完成螺栓插入立柱孔的动作。

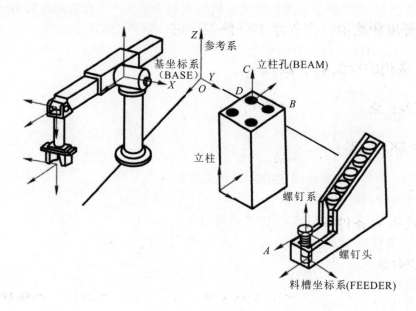

图 6 - 17　机器人装配作业

编程步骤如下：

（1）定义机座、导板、料斗、导板孔及螺栓柄等的位置和姿态。

（2）把装配作业划分为一系列动作，如自动引导车、抓取物体和完成插入等。

（3）加入传感器，监视装配作业的过程。

（4）重复步骤（1）～（3），调试改进程序。

按照上面的步骤，编制的程序如下：

```
BEGIN insertion;                                        {设置变量}
bolt - diameter<- 0.5 * inches;
bolt - heiSht<-1 * inches;
Tries<-0;
Grasped<- false;
Beam<- FRAME(ROT(2,90 * deg),VECTOR(20,15,0) * inches);   {定义机座坐标系}
Feeder<- FRAME(nilrot, VECTOR ( 25,20,0 ) * inches);     {定义特征坐标系}
bolt - grasp<- feeder * TRANS(nilrot[,nilvect]);
bolt - tip<- bolt - grasp * TRANS(nilrot,VECTOR(0,0,0.5) * inches);
beam - bore<- beam * TRANS(nilrot, VECTC)R(0,0,1) * inches);
A<- feeder * TRANS(nilrot,VECTOR(0,0,0.5) * inches);     {定义经过的点坐标系}
B<- feeder * TRANS(nilrot,VECTC)R(0,0,8) * inches);
C<- beam - bore * TRANS(nilrot,VECTOR(0,0,5) * inches);
D<- beam - bore * TRANS(nilrot,bolt - height * Z);
OPEN bhand TO bolt - diameter+1 * inches;                 {张开手爪}
MOVE barm TO bolt - grasp VIA A;                          {使手爪准确定位于螺栓上方}
WITH APPROACH =- Z WRT feeder;                            {试着抓取螺栓}
DO;
CLOSE bhand TO 0.9 bolt - diameter;
IF bhand< bolt - diameter THEN BEGIN;                     {抓取螺栓失败,再试一次}
OPEN bhand TO bolt - diameter+1 * inches;
MOVE barm TO • -1 * Z * inches;
EDN ELSE grasped<- TRUE;
Tdes<- tries+1;
UNTIL grasped OP(tries>3);           {如果尝试三次未能抓取螺栓,则取消这一动作}
IF NOT grasped THEN ABORT;                                {抓取螺栓失败}
MOVE barm TO B;                                           {将手臂移动到 B 位置}
VIA A;
WITH DEPARTURE=Z WRT deeder;
MOVE barm TO D;                                           {将手臂移动到 D 位置}
VIA C;
WITH APPROACH =Z WRT beam bore;                           {检验是否有孔}
MOVE barm TO • -0.1 * Z * inches ON FORCE(Z)>10 * ounce;
DO ABORT;                                                 {无孔,进行柔顺性插入}
MOVE barm TO beam - bore DIRECTLY;
WITH FORCE(z)=-10 * ounce;
WITH FORCE(X)=-0 * ounce;
WITH FORCE(y)=-0 * ounce;
```

```
WITH DURATION=5 * seconds;
END insertion;
```

6.3.4　IML 语言

IML (Interactive Manipulator Language)语言是日本九州大学开发的一种对话性好、简单易学、面向应用的机器人语言。它和 VAL 等语言一样,是一种着眼于末端执行器动作进行编程的动作级编程语言。

用户可以使用 IML 语言给出机器人的工作点、操作路线,或给出目标物体的位置、姿态,直接操纵机器人。除此之外,IML 语言还有如下特征:

1)描述往返操作可以不用循环语句。

2)可以直接在工作坐标系内使用。

3)能把要示教的轨迹(末端执行器位姿矢量的变化)定义成指令,加入语言中;所示教的数据还可以用力控制方式再现出来。

习　　题

1.目前工业机器人常用的编程方法有哪些？工业机器人的示教编程和离线编程的区别是什么？

2.按照作业描述水平的高低,工业机器人的编程语言可分为哪几类？

3.工业机器人语言的基本功能有哪些？

4.工业机器人语言系统包括哪几个基本操作状态？

附录 1　ABB 常用指令表

表 A - 1　ABB 常用指令表

类　型	指　令	功　能
程序的调用	ProCall	调用例行程序
	CallByVar	通过带变量的例行程序名称调用例行程序
	RETURN	返回原例行程序
例行程序内的逻辑控制	Compact IF	如果条件满足,就执行一条指令
	IF	当满足不同的条件时,执行对应的程序
	FOR	根据指定的次数,重复执行对应的程序
	WHILE	如果条件满足,重复执行对应的程序
	TEST	对一个变量进行判断,从而执行不同的程序
	GOTO	跳转到例行程序内标签的位置
	Label	跳转标签
停止程序执行	Stop	停止程序执行
	EXIT	停止程序执行并禁止在停止处再开始
	Break	临时停止程序的执行,用于手动调试
	SystemStopAction	停止程序执行和机器人运动
	ExitCycle	中止当前程序的运行并将程序的指针 PP 复位到主程序的第一条指令。如果选择了程序连续运行模式,程序将从主程序的第一句重新执行
赋值指令	:=	对程序数据进行赋值
等待指令	WaitTime	等待一个指定的时间,程序再往下执行
	WaitUntil	等待一个条件满足后,程序继续往下执行
	WaitDI	等待一个输入信号状态为设定值
	WaitDO	等待一个输出信号状态为设定值

类　型	指　令	功　能
程序注释	Comment	对程序进行注释
程序模块加载	Load	从机器人硬盘加载一个程序模块到运行内存
	UnLoad	从运行内存中卸载一个程序模块
	StartLoad	在程序执行的过程中,加载一个程序模块到运行内存中
	WaitLoad	在 Start Load 使用后,使用此指令将程序模块连接到任务中使用
	CancelLoad	取消加载程序模块
	CheckProgRef	检查程序引用
	Save	保存程序模块
	EraseModule	从运行内存删除程序模块
变量功能	TryInt	判断数据是否是有效的整数
	OpMode	读取当前机器人的操作模式
	RunMode	读取当前机器人程序的运行模式
	NonMotionMode	在程序任务中,读取当前是否为无运动的执行模式
	Dim	读取一个数组的维数
	Present	读取带参数例行程序的可选参数值
	IsPers	判断一个参数是不是可变量
	IsVar	判断一个参数是不是变量
转换功能	StrToByte	将字符串转换为指定格式的字节数据
	ByteToStr	将字节数据转换成字符串
速度设定	VelSet	设定最大的速度与倍率
	SpeedRefresh	更新当前运动的速度倍率
	AccSet	定义机器人的加速度
	WorldAccLim	设定大地坐标中工具与载荷的加速度
	PathAccLim	设定运动路径中 TCP 的加速度
	MaxRobSpeed	获取当前型号机器人可实现的最大 TCP 速度
轴配置管理	ConfJ	关节运动的轴配置控制
	ConfL	线性运动的轴配置控制

续表

类　型	指　令	功　能
奇异点的管理	SingArea	设定机器人运动时,在奇异点的插补方式
位置偏置功能	PDispOn	激活位置偏置
	PDospSet	激活指定数值的位置偏置
	PDospOff	关闭位置偏置
	EOffsOn	激活外轴偏置
	EOflsSet	激活指定数值的外轴偏置
	EOffsOff	关闭外轴位置偏置
	DefDFrame	通过三个位置数据计算出位置的偏置
	DefFrame	通过六个位置数据计算出位置的偏置
	ORobT	从一个位置数据删除位置偏置
	DefAccFrame	从原始位置和替换位置定义一个框架
软伺服功能	SoftAct	激活一个或多个轴的软伺服功能
	SoftDeact	关闭软伺服功能
机器人参数调整功能	TuneServo	伺服调整
	TuneReset	伺服调整复位
	PathResol	几何路径精度调整
	CirPathMode	在圆弧插补运动中,工具姿态的变换方式
空间监管管理	WZBoxDef	定义一个方形的监控空间
	WZCylDef	定义一个圆弧形的监控空间
	WZSphDef	定义一个球形的监控空间
	WZHomeJointDef	定义一个关节轴坐标的监控空间
	WZUmJointDef	定义一个限定为不可进入的关节轴坐标监控空间
	WZLimSup	激活一个监控空间并限定为不可进入
	WZDOSet	激活一个监控空间并与一个输出信号关联
	WZEnable	激活一个临时的监控空间
	WZFree	关闭一个临时的监控空间
机器人运动控制	MoveC	TCP圆弧运动
	MoveJ	关节运动
	MoveL	TCP线性运动

类　型	指　令	功　能
机器人运动控制	MoveAbsJ	轴绝对角度位置运动
	MoveExtJ	外部直线轴和旋转轴运动
	MoveCDO	TCP 圆弧运动的同时触发一个输出信号
	MoveJDO	关节运动的同时触发一个输出信号
	MoveLDO	TCP 线性运动的同时触发一个输出信号
	MoveCSync	TCP 圆弧运动的同时执行一个例行程序
	MoveJSync	关节运动的同时执行一个例行程序
	MoveLSync	TCP 线性运动的同时执行一个例行程序
搜索功能	SearchC	TCP 圆弧搜索运动
	SearchExtJ	外轴搜索运动
指定位置触发信号与中断功能	TriggIO	定义触发条件在一个指定的位置触发输出信号
	TriggInt	定义触发条件在一个指定的位置触发中断程序
	TriggCheckIO	定义一个指定的位置进行 I/O 状态检查
	TriggEquip	定义触发条件在一个指定的位置触发输出信号,并对信号响应的延迟进行补偿设定
	TriggRampAO	定义触发条件在一个指定的位置触发模拟输出信号,并对信号响应的延迟进行补偿设定
	TriggC	常触发事件的圆弧运动
	TriggJ	常触发事件的关节运动
	TriggL	常触发事件的线性运动
	TriggLIOs	在一个指定的位置触发输出信号的线性运动
	StepBwdPath	在 RESTART 的事件程序中进行路径的返回
	TriggStopProc	在系统中创建一个监控处理,用于在 STOP 和 QSTOP 中需要信号复位和程序数据复位的操作
	TriggSpeed	定义模拟输出信号与时间 TCP 速度之间的配合
出错或中断时的运动控制	StopMove	停止机器人运动
	StartMove	重新启动机器人运动
	StartMoveRetry	重新启动机器人运动及相关的参数设定
	StopMoveReset	对停止运动状态复位,但不重新启动机器人运动

续表

类　型	指　令	功　能
出错或中断时的运动控制	StorePath	储存已生成的最近路径
	RestoPath	重新生成之前储存的路径
	ClearPath	在当前的运动路径级别中,清空整个运动路径
	PathLevel	获取当前路径级别
	SyncMoveSuspend	在 StorePath 的路径级别中暂停同步坐标的运动
	SyncMoveResume	在 StorePath 的路径级别中重返同步坐标的运动
	IsStopMoveAct	获取当前停止运动标识符
外轴的控制	DeactUnit	关闭一个外轴单元
	ActUnit	激活一个外轴单元
	MechUnitLoad	定义外轴单元的有效载荷
	GetNextMechUnit	检索外轴单元在机器人系统中的名字
	IsMechUnitActive	检查一个外轴单元状态是关闭或是激活
独立轴控制	IndAMove	将一个轴设定为独立轴模式并进行绝对位置方式运动
	IndCMove	将一个轴设定为独立轴模式并进行连续方式运动
	IndDMove	将一个轴设定为独立轴模式并进行角度方式运动
	IndRMove	将一个轴设定为独立轴模式并进行相对位置方式运动
	IndReset	取消独立轴模式
	Indlnpos	检查独立轴是否已到达指定位置
	IndSpeed	检查独立轴是否已到达指定的速度
路径修正功能	CorrCon	连接一个路径修正生成器
	CorrWrite	将路径坐标系统中的修正值写到修正生成器中
	CorrDiscon	断开一个已连接的路径修正生成器
	CorrClear	取消所有已连接的路径修正生成器
	CorrRead	读取所有已连接的路径修正生成器的总修正值
路径记录功能	PathRecStart	开始记录机器人的路径
	PathRecStop	停止记录机器人的路径
	PathRecMoveBwd	机器人根据记录的路径做后退运动
	PathRecMoveFwd	机器人运动到执行 PathRecMoveBwd 指令的位置

类　型	指　令	功　能
路径记录功能	PathRecValidBwd	检查是否已激活路径记录和是否有可后退的路径
	PathRecValidFwd	检查是否有可向前的记录路径
输送链跟踪功能	WaitWObj	等待输送链上的工件坐标
	DropWobj	放弃输送链上的工件坐标
传感器同步功能	WaitSensor	将一个在开始窗口的对象与传感器设备关联起来
	SyncToSensor	开始或停止机器人与传感器设备的运动同步
	DropSensor	断开当前对象的连接
有效载荷与碰撞检测	MotionSup	激活或关闭运动监控
	Loadld	工具或有效载荷的识别
	Manoadld	外轴有效载荷的识别
对输入/输出信号的值进行设定	InvertDO	对一个数字输出信号的值置反
	PulseDO	数字输出信号进行脉冲输出
	Reset	将数字输出信号置为 0
	Set	将数字输出信号置为 1
	SetAO	设定模拟输出信号的值
	SetDO	设定数字输出信号的值
	SetGO	设定组输出信号的值
读取输入/输出信号值	AOutput	读取模拟输出信号的当前值
	DOutput	读取数字输出信号的当前值
	GOutput	读取组输出信号的当前值
	TestDI	检查一个数字输入信号已置 1
	ValidIO	检查 I/O 信号是否有效
	WaitDI	等待一个数字输入信号的指定状态
	WaitDO	等待一个数字输出信号的指定状态
	WaitGI	等待一个组输入信号的指定值
	WaitGO	等待一个组输出信号的指定值
	WaitAI	等待一个模拟输入信号的指定值
	WaitAO	等待一个模拟输出信号的指定值

续表

类　型	指　令	功　能
I/O 模块的控制	IODisable	关闭一个 I/O 模块
	IOEnable	开启一个 I/O 模块
示教器上人-机界面的功能	TPErase	清屏
	TPWrite	在示教器操作界面上写信息
	ErrWrite	在示教器事件日志中写报警信息并储存
	TPRendFK	互动的功能键操作
	TPRendNum	互动的数字键盘操作
	TPShow	通过 RAPID 程序打开指定的窗口
通过串口进行读写	Open	打开串口
	Write	对串口进行写文本操作
	Close	关闭串口
	WriteBin	写一个二进制数的操作
	WriteAnyBin	写任意二进制数的操作
	WriteStrBin	写字符的操作
	Rewind	设定文件开始的位置
	ClearlOBuff	清空串口的输入缓冲
	ReadAnyBin	从串口读取任意的二进制数
	ReadNum	读取数字量
	ReadStr	读取字符串
	ReadBin	从二进制串口读取数据
	ReadStrBin	从二进制串口读取字符串
Sockets 通信	SocketCreate	创建新的 Socket
	SocketConnect	连接远程计算机
	SocketSend	发送数据到远程计算机
	SocketReceive	从远程计算机接收数据
	SocketClose	关闭 Socket
	SocketGetStatus	获取当前 Socket 状态

类　型	指　令	功　　能
中断设定	CONNECT	连接一个中断符号到中断程序
	ISignalDI	使用一个数字输入信号触发中断
	ISignalDO	使用一个数字输出信号触发中断
	ISignalGI	使用一个组入信号触发中断
	ISignalGO	使用一个组输出信号触发中断
	ISignalAI	使用一个模拟输入信号触发中断
	ISignalAO	使用一个模拟输出信号触发中断
	ITimer	计时中断
	TriggInt	在一个指定的位置触发中断
	IPers	使用一个可变量触发中断
	IError	当一个错误发生时触发中断
	IDelete	取消中断
中断的控制	ISleep	关闭一个中断
	IWatch	激活一个中断
	IDisable	关闭所有中断
	IEnable	激活所有中断
时间控制	ClkReset	计时器复位
	ClkStart	计时器开始计时
	ClkStop	计时器停止计时
	ClkRead	读取计时器数值
	CDate	读取当前日期
	CTime	读取当前时间
	GetTime	读取当前时间为数字型数据
简单运算	Clear	清空计时
	Add	加或减操作
	Incr	加 1 操作
	Deer	减 1 操作

续表

类　型	指　令	功　能
算术功能	Abs	取绝对值
	Round	四舍五入
	Trunc	舍位操作
	Sqrt	计算二次根
	Exp	计算指数值 Z
	Pow	计算指数值
	ACos	计算圆弧余弦值
	ASin	计算圆弧正弦值
	ATan	计算圆弧正切值[$-90,90$]
	ATan2	计算圆弧正切值[$-180,180$]
	Cos	计算余弦值
	Sin	计算正弦值
	Tan	计算正切值
	EulerZYX	从姿势计算欧拉角
	OrientZYX	从欧拉角计算姿态
关于位置的功能	Offs	对机器人位置进行偏移
	RelTool	对工具的位置和姿态进行偏移
	CalcRobT	从 jointtarget 计算出 robtarget
	CPos	读取机器人当前的 X、F
	CRobT	读取机器人当前的 robtarget
	CjointT	读取机器人当前的关节轴角度
	ReadMotor	读取轴电动机当前的角度
	CTool	读取工具坐标当前的数据
	CWObj	读取工件坐标当前的数据
	MirPos	镜像一个位置
	CalcJointT	从 robtaiet 计算出 jointtarget
	Diatance	计算两个位置的距离
	PFRestart	当路径因电源关闭而中断的时候检查位置
	CSpeedOverride	读取当前使用的速度倍率

附录2 FUNAC 工业机器人编程指令

1. 动作指令

表 A-2 动作指令

动作类型	J	使机器人针对每个关节执行插补动作
	L	直线移动机器人的工具中心点
	C,A	圆弧状地移动机器人工具中心点
位置参数	P[i:注解]	存储位置数据的标准变量
	PH[i:注解]	存储位置数据的寄存器
速度单位	%	指定相对机器人的最高速的轴速度的比率
	mm/sec,cm/min, inch/ min ,deg/sec	指定基于直线、圆弧、C圆弧的工具中心点的动作速度
	sec, msec	指定动作所需时间
定位类型	FINE	机器人在所指定的位置暂停后,执行下一个动作
	CNTn n=0～100	机器人将所指定的位置和下一个动作位置平顺地连接起来动作的平顺程度,越大越平顺

2. 动作附加指令

表 A-3 动作附加指令

手腕轴关节动作	Wjnt	直线、圆弧、C圆弧动作时,手腕轴在关节动作下运动而不保持姿势
加减速倍率	ACC a a a＝0～150(%)	设定移动时的加减速比率
跳过	Skip,LBL[i] Skiᵖ,LBL[i],PR[j]	跳过条件语句中所示的条件尚未满足的情况下,向所指定的标记转移。条件已经得到满足时,取消当前的动作而执行下一行
位置补偿	Offset Offset,PR[(GPk:)i]	向在位置参数中加上位置补偿条件语句中所指定值的位置移动 向在位置参数中加上位置寄存器值的位置移动
工具坐标补偿	Tool_Offset Tool_Offset,PR [(GPk:)i]	向在位置参数中加上工具坐标补偿条件语句中所指定值的位置移动 向在位置参数中加上位置寄存器值的位置移动

续表

增量	INC	向在现在位置中加上位置参鉸值的 G 置移动
非同步 附加轴速度	Ind. EVi% i＝1－100(％)	使附加轴与机器人非同步地动作
同步 附加轴速度	PTH 1＝1－100(％)	使附加轴与机器人同步地动作
路径	PTH	在距离短的平顺动作连续时缩短周期时间
先执行指令	TBt sec＜Action＞ DB 1 mm ＜ Action ＞ TAt sec ＜Action＞	动作结束的指定时间、指定距离前或者指定时间后，执行子程序调用，或者信号输出、点逻辑指令 t＝执行开始时间 l＝执行开始距离 ＜Action＞＝执行指令；可指定如下指令 CALL(程序名)XALL(程序名)(自变置) DO[i]＝...、R0[i]＝...、G0[i]＝...、A0[i]＝... POINT_LOGIC
中断	BREAK	即使紧靠等待前的动作指令为 CNT，在满足等待条件之前，机器人向着示教点移动

3.寄存器指令和 I/O 指令

表 A‑4　寄存器指令和 I/O 指令

数值寄存器	:R[i]	i 数值寄存器号码
位置寄存器	PR[i] PR[(GPk:)i] PR[(GPk:)i,j]	预先存储位置数据的寄存器 仅取出位置数据的某一要素 GPk 群组号码 i 位置寄存器号码 j 位置寄存器的要素号码
字符串寄存器	SR[i]	预先存储字符串的寄存器 i 字符串寄存器编号
位置数据	P[i:注解] LPOS JPOS UFRAME[i] UTOOL[i]	i 位置号码 现在位置的直角坐标值 现在位置的关节坐标值 用户坐标系 工具坐标系
输入/输出信号	DI[i].DO[i] RI[i].RO[i] GI[i],GO[i] AI[i].AO[i] UI[i].UO[i] SI[i].SO[i]	(系统)数字信号 机器人(数字)信号 群组信号 模拟信号 专用外部信号 操作面板信号

4. 字符串指令

表 A－5 字符串指令

字符串寄存器	SR[i]	预先存储宇符串的寄存器 i 字符串寄存器编号
字符串检索	R[ ]＝FINDSTR： SR[A]， SR[B]	检索从字符串寄存器 A 到字符串寄存器 B 的字符串，返还已找到位置的索引
字符串取出	SR[ ]＝SUBSTR SR[]， R[A]，r[B]	从字符串寄存器的寄存器第 A 个字符抽取出相当于寄存器 B 的字符部分
字符数计数	R[ ]＝STRLEN SR[]	将字符串寄存器的长度保存到寄存器中

5. 复合运算指令

表 A－6 复合运算指令

复合运算	…＝(…) IF(…)分支 Wait(…)	在赋值语句、条件比较语句以及等待指令语句中可进行各类算符和数据的组合

6. FOR/ENDFOR 指令

表 A－7 FOR/ENDFOR 指令

FOR	FOR(计数器)＝(初始值) TO/DOWNTO (目标值)	(计数器)的值从(初始值)直到成为(目标值)为止，反复执行 FOR/ENDFOR 区间的指令
ENDFOR	ENDFOR	表示 FOR/ENDFOR 区间的结束

7. 条件转移指令

表 A－8 条件转移指令

条件比较 条件选择	IF(条件)(转移) SELECT R[i]＝(值)(转移)	设定比较条件和转移目的地,可通过逻辑运算符将(条件)连起来 设定选择条件的转移目的地

8. 等待指令

表 A－9 等待指令

等待	WAIT＜条件＞ WAIT＜时间＞	等待到条件成立或经过所指定的时间 可通过逻辑运算符将(条件)连起来

9. 无条件转移指令

表 A - 10　无条件转移指令

字符串指令标记	LBL[i:注解] JMP LBL[i]	指定转移目的地转移到所指定的标记
程序调用	CALL(程序名)	转移到所指定的程序
程序结束	END	结束程序的执行,返回到被调用的程序

10. 程序控制指令

表 A - 11　程序控制指令

暂停	PAUSE	使程序暂停
强制结束	ABORT	强制结束程序
错误程序	ERROR_PROG	错误发生时启动的程序(只在涂胶工具上有效)
再启动程序	RESUME_PROG	错误解除时启动的程序 (错误自动恢复功能:只对 J924 有效)

11. 其他指令

表 A - 12　其他指令

RSR	RSR[i] UALM[i]	定义 R S R 信号的有效/无效,i=1~4
用户报警	TIMER[i]	将用户报警显示于报警行
计时器	OVERRIDE	设定计时器
倍率	!(注解)	设定倍率
注解	—(注解)	在程序中加注解
注解(语言切换)	MESSAGE[消息]	在程序中加入每个语言的注解
信息	$(系统变量)	将用户消息显示于用户画面
参数	J0LNT _ MAX_SPEED[i]	更改系统变量值
最大速度	LINEAR_MAX_SPEED	设定程序中的动作语句的最高速度

12. 跳转和位置补偿指令

表 A - 13　跳转和位置补偿指令

	SKIP CONDITION(条件)	确定在动作语句中使用的跳过的执行条件
跳过条件	OFFSET CONDITION(位置	可通过逻辑运算符将(条件)连起来
位置补偿条件	补偿量)	确定在动作语句中使用的位置补偿的执行条件
工具坐标补偿条件	Tool _OFFSET CONDITION (位置补偿量)	确定在动作语句中使用的工具坐标补偿的 执行条件

13. 坐标系设定指令

表 A - 14　坐标系设定指令

用户坐标系	UFRAME[i]	用户坐标系。i= 1~9
用户坐标系选择	UFRAME_NUM	当前的用户坐标系号码
工具坐标系	UTOOL[i]	工具坐标系。i=1~9
工具坐标系选择	UTOOL_NUM	当前的工具坐标系号码

14. 宏指令

表 A - 15　宏指令

宏指令	（宏指令）	执行在宏设定中所定义的程序

15. 多轴控制指令

表 A - 16　多轴控制指令

程序指令	RUN	开始执行别的动作组的程序

16. 位置寄存器先执行指令

表 A - 17　位置寄存器先执行指令

位置寄存器锁定	LOCK PREG	用来锁定位置寄存器（使得不能更改）
位置寄存器锁定解除	UNLOCK PREG	解除位置寄存器的锁定

17. 状态监视指令

表 A - 18　状态监视指令

状态监视开始指令	MONITOR<条件程序名>	在条件程序的监视下,开始监视
状态监视结束指令	MONITOR END<条件程序名>	在条件程序的监视下,结束监视

18. 动作群组指令

表 A - 19　动作群组指令

非同步动作群组	Independent GP	使各动作群组非同步地动作
同步动作群组	Simultaneous GP	与移动时间最长的动作群组同步地使各动作群组动作

19. 诊断指令

表 A – 20　诊断指令

诊断记录	DIAG_REC[(自变量 1) (自变量 2)(自变量 3)]	记录机器人状态解析所需的数据

20. 码垛堆积指令(选项功能:J500)

表 A – 21　码垛堆积指令

码垛堆积指令	PALLETIZING—B_i	计算码垛堆积。i 码垛堆积号码
码垛堆积 结束指令	PALLETIZING—END_i	增减码垛寄存器的值
码垛堆积 动作指令	L PAL_i [A_j] 300mm/ s FINE	执行码垛堆积的位置 i 码垛堆积号码 j 接近点的号码
码垛寄存器	PL[i]	管理码垛堆积的堆叠点位置的寄存器 i 码垛寄存器编号

参 考 文 献

[1]　李俊文,钟奇.工业机器人基础[M].广州:华南理工大学出版社,2016.

[2]　张宪民,杨丽新,黄沿江.工业机器人应用基础[M].北京:机械工业出版社,2015.

[3]　罗霄,罗庆生.工业机器人技术基础与应用分析[M].北京:北京理工大学出版社,2018.

[4]　张玉希,伍东亮.工业机器人入门[M].北京:北京理工大学出版社,2017.

[5]　刘小波.工业机器人技术基础[M].北京:机械工业出版社,2016.

[6]　王保军,滕少锋.工业机器人基础[M].武汉:华中科技大学出版社,2015.

[7]　张明文.工业机器人技术基础及应用[M].哈尔滨:哈尔滨工业大学出版社,2017.